C++プログラムで人や物の動きを認識

ラズパイ/PCで体験!
計測のための
カメラ画像処理

澤田 英宏 著

CQ出版社

はじめに

数多くある書籍の中から，本書を手にとってくださりありがとうございます．

編集の方からお話をいただいたときには，読者の皆様はレベルの高い仕事をされていて，私が作る程度のアプリは興味ないのではと考え，いったんお断りしました．

実際には，趣味でプログラムされている方や学生さんも読者であることを知り，その方達に役立つのであればと執筆を決意しました．

本書では今後，さまざまな分野で活躍するであろう，

- 人工知能を使った解析
- 農業における選別や収穫
- 自走小型ロボット

などの研究・開発に，少しでも役立てるようにアプリケーションを作成しました．

フリーの画像処理ライブラリ OpenCV を使用した画像処理，その中のほんの一部を紹介しているだけなのですが，これをきっかけとして，皆さんの今後のスキルアップにつなげていただければ幸いです．

2021年冬
澤田 英宏

目　次

本書のサポートページを用意しました.
https://interface.cqpub.co.jp/rpicamera00/
Appendix2, Appendix3, で解説しているインストールや設定について, うまくいかない方は参考にしてください.

イントロダクション
カメラによる画像センシングで広がる世界　8

■ 産業分野　8
■ ロボット　9
■ 施設　10
■ 自動運転　11
■ 社会福祉　13

Appendix 1　実験に使うもの　16

■ 実験環境　16
■ ラズベリー・パイの操作　18

Appendix 2　体験用ラズベリー・パイの準備　21

■ ソフトウェアとライブラリのバージョン　21
■ インストール　22
■ OpenCVでPiカメラを使えるようにする　26
■ プログラムを試す　29

Appendix 3　パソコンだけでも体験できます　32

■ 画像処理ライブラリOpenCVのインストール　32
■ 開発環境Visual Studioのインストール　32
■ サンプル・プログラムの試し方　35

Appendix 4　最低限おさえておきたい画像処理　38

第1部　基本の画像処理

1-0　プログラムと画像データ　44
1-1　カラー画像のグレー・スケール化　46
1-2　グレー・スケール画像の2値化　50
1-3　基本図形や文字の描画　53
1-4　画像をぼかす平滑化　56
1-5　円の検出　59
1-6　楕円フィッティング　63
1-7　色によるマスク処理　67
1-8　いろいろなマスク処理　72
1-9　明るさヒストグラム　77
1-10　特徴点検出　82
1-11　画像マッチング　85
1-12　背景差分を使った画像認識　88
1-13　ターゲットを探すカスケード分類器　93
1-14　テンプレート・マッチング　98
1-15　識別の前処理で広く使えるモルフォロジー変換　105

本書は月刊『Interface』2019年7月号の特集「カメラで測る 画像センシング［ラズパイ・カメラ便利帳付き］」の内容を再編集・加筆してまとめたものです.

第2部　カメラで画像センシング

2-1　対象物の長さを測る　116
2-2　往復運動の回数をカウントする　128
2-3　侵入を検知する　139
2-4　通過物を数える　150
2-5　監視カメラを作る　160
2-6　ターゲットの接近を検知する　171
2-7　人数を数える　182
2-8　文字や数字を見つける　192
2-9　車のブレーキ・ランプを検知する　203
2-10　路面の白線を検知する　217

第3部　覚えておくと便利なワザ

3-1　指定部分に背景を合成する「クロマキー合成」　230
3-2　画像の明暗を判定しノーマル/赤外線カメラを切り替える　240

索引　252
筆者略歴　255

本書は月刊『Interface』2019年7月号の特集「カメラで測る 画像センシング［ラズパイ・カメラ便利帳付き］」の内容を再編集・加筆してまとめたものです.

記事の画像をカラーで確認できる サポート・ページのご案内

本書では白黒で掲載している第1部，第2部の画像について，カラー画像を用意しました．下記のウェブページで確認できます．

https://interface.cqpub.co.jp/rpicamera00/

プログラムの入手先

本書で紹介している技術を体験するためのプログラムは下記のウェブ・ページから入手できます．

https://www.cqpub.co.jp/interface/download/contents_bunko.htm

イントロダクション

カメラによる画像センシングで広がる世界

筆者はカメラ(イメージセンサ)は，加速度センサや人感センサ，温度/湿度センサなど数多あるセンサと比べて，万能かつ最強のセンサと考えています．

理由は，くふう1つでいろいろなものが測れるからです．実際に産業界でも，カメラ画像を使った計測・検出は盛んに行われています．実例を挙げればきりがないのですが，いくつかを下記に紹介します．

■ 産業分野

● 製造ラインを流れる製品の形

工場の製造ライン上にある形状の決まっている部品の品質検査は，カメラの得意分野になります(**図1**)．

特に食品のように，直接人体の健康に被害を及ぼす可能性のある業界では，カメラやセンサを利用した品質管理が徹底して行わ

図1　製造ライン上の製品の色や形状の確認に

れています．例えばカップ麺のような，容器の最終的な形状が決まっている品は，工場の製造ラインの段階で蓋が正しく閉まっているかを確認することで，商品の質を確保しています．

また，高速カメラを使用して，出荷前の容器の外周に傷や汚れがないことも確認しています．

● 完成品の動作確認にも

色を利用した検査も，カメラの得意分野です．操作ボタンの動作確認の例を挙げます．固定電話やガラケー，キーボードなどのボタンを押したときに，そのボタンが光るとします．その発行色をカメラで認識すれば，ボタンが押されたことを検出できます．また，マイコン・ボードに動作状態を表すLEDを搭載しておき，その点滅周期や色をカメラで認識すれば，マイコンにディスプレイが無くても，動作を確認できます．

■ ロボット

● 対象物のサイズを測る

宅配の段ボール箱はサイズによって料金が変わってきます．コンビニでは店員さんが測っていますが，頻繁に発送業務がある場所では，カメラを使用した自動立体計測が利用されています(**図2**)．これは重量計の上部に深度カメラを設置することで実現しています．

このように機器を積極的に使用することで，作業の効率化とともに，サイズの計測ミスや人によるデータ改ざんの防止にも役立

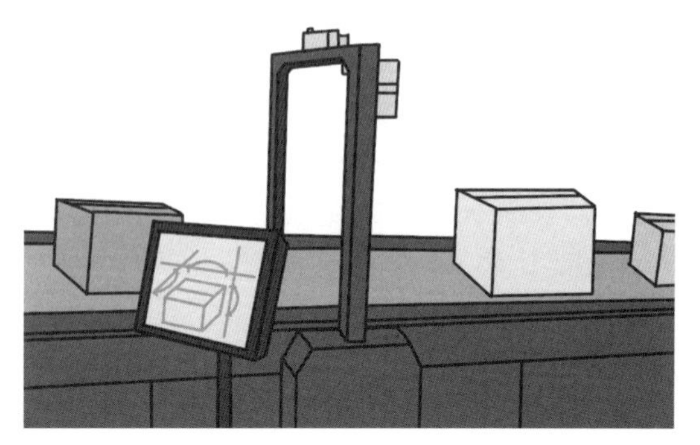

図2　段ボール箱のサイズを自動で

ち，発送料金も正確に把握できます．

■ 施設

● 大型動物や猛獣のサイズを測定する

危険な作業の1つとして，動物園での動物の身体測定があります．特に象やライオン，トラなどは計測する人間の命が危険にさらされます．ロボットに装着した深度カメラを利用することで，離れた場所から安全にサイズを測定できます．

● 人間の状態を把握する

休んでいる人の呼吸や咳き込み，嘔吐，寝返り状況，徘徊などを，カメラと画像処理で把握できます．介護や看護の負担を減らせます(**図3**)．

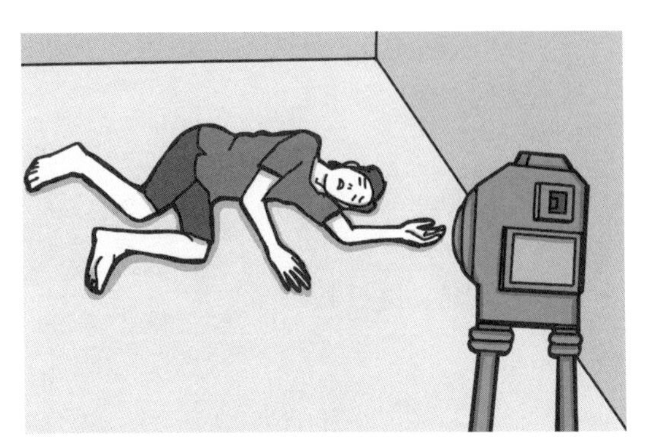

図3　離れたところからカメラで見守る

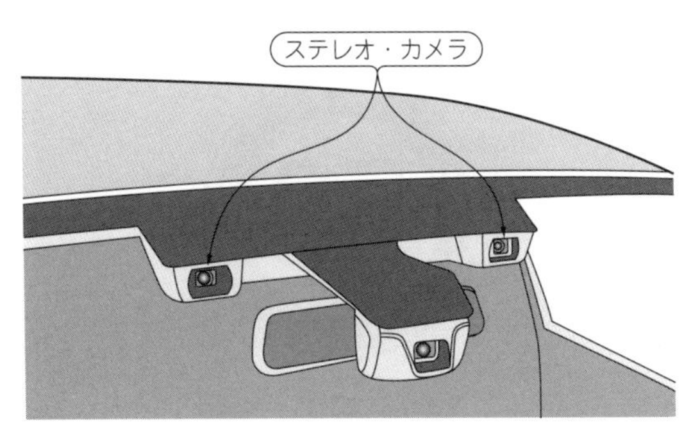

図4　2台のカメラで映像を立体的に撮影

■ 自動運転

● 車の安全運転支援

今では装備も当たり前になった車の安全運転支援システムでは，カメラを使用した映像解析技術が使われているタイプもあります．

図5　前方の車との距離を測っている

図6　道路標識の認識にも使える

図4は2台のカメラを使って映像を立体的に処理することで，**図5**のように前方の車との距離を計測しています．

この場合，通常のカメラで実現できるので，距離を測るだけでなく信号機の色の判断や**図6**のような速度標識を認識することで，制限速度を確認することもでき，広く応用されている手法です．なお，前車との距離を測る方法として，市販の深度カメラ（3Dカメラなど)を利用する手もあります.

■ 社会福祉

筆者は自分の持つIT/ICTの技術が，大きなビジネスにならなくても，社会福祉の分野で役に立てないかと考えています．その中で，実現可能と思われること，実現されていることを幾つか紹介したいと思います.

● 視覚障害の方への外出サポート

筆者は都市部に住んでいますが，歩道に置かれた放置自転車が通行を妨げているのを目にしたり，人が駅のホームから転落したといったニュースを聞いたりします.

そこで目線の位置にカメラを装着して(**図7**)，目線上の危険状況を音声などで通知する装置を考えています．カメラには深度カ

図7　目線の位置にカメラを装着する

図8　人がホームの端に来たら知らせる

図9　盲導犬の代わりになれる可能性もある

メラと，通常のカメラを使用します．

駅のホームなどのエッジ部分は，深度カメラで3D情報として高さを知ることが可能なので，この情報を利用することでホームの端に近づいたら，危険を知らせます(**図8**)．

また，赤信号などで盲導犬が停止した場合には，通常カメラの映像を解析して，停止した理由が赤信号だったことを知らせるなどができそうです(**図9**)．

● 入館ゲートでの体温検査

入館ゲートで体温をチェックすることが普通になりました．これらの計測にはサーマル・センサが使われています．

通常は計測した結果をモニタに表示するだけの機器が主流です．しかし，プログラミング可能な機器と開発用のSDKを提供しているメーカ[注1]もあり，制御機器との連動もできるようになりました．

例えば設定された体温以下の場合だけセキュリティ・ゲートを開いたり，保育園などで一定の体温以上を検知した場合だけ画面上で警告したりすることで，それぞれの施設内での健康を守ることに役立ちそうです．

注1：FLIR社(フリアー)からはプログラム可能なセンサ・モジュールも提供されています．
　　https://www.flir.jp/

Appendix 1

実験に使うもの

写真1　画像センシングの実験にはラズパイとPiカメラを使う

■ 実験環境

● ハードウェア

第2部以降では，ラズベリー・パイを使用した画像センシングを幾つか示します．用意したハードウェアは以下です．

- ラズベリー・パイ 4B 4GB
- Raspberry Pi Camera Module V2(以降，Piカメラ)
- HDMI接続のモニタ

▶持ち運びたい人

ラズベリー・パイを持ち運んで屋外で実験したい人は以下を追加すると便利です．

写真2　小型液晶ディスプレイを外付けすると便利でわかりやすい
筆者は画像処理機能搭載のドライブ・レコーダとして利用した

- 3.5インチ・モニタ
- モバイル・バッテリ

3.5インチ・モニタの利用にはドライバのインストールが必須ですが，入手する機材ごとに設定手順が変わることもあり，ここでのドライバのセッティング方法は省略します．参考までに筆者のモニタ 3.5 inch HDMI LCD（Waveshare，480 × 320画素）は，以下のサイトで販売しているものを秋葉原で購入しました．

`https://www.waveshare.com/`

モバイル・バッテリは，スマートフォン用で，最高で電流3 Aを引き出せるタイプを選びます．

写真1では，3.5インチ・モニタとラズベリー・パイが丸ごと収まるケースに取り付けています．

写真2は，自動車に搭載して，画像検出機能付きドライブ・レコーダとして利用している様子です．

● 開発環境

▶その1…ラズベリー・パイ

Appendix2で解説します。

▶その2…Windows PCでもOK

Windows PC環境で動作確認される方のために，Visual Studio 2019で動作するプロジェクトも提供しますので，併せてご確認ください．Windows版は本編プログラムと環境の違いからコードの一部の記述が違う場合があります．Appendix3で解説します．

● 画像センシング・プログラムの入手方法

本書で紹介するプログラムは，下記ウェブ・ページから入手できます．

```
https://www.cqpub.co.jp/interface/download/
contents.htm
```

ラズベリー・パイ版とMicrosoft Visual Studio版を提供します．

■ ラズベリー・パイの操作

● シャットダウン操作

ラズベリー・パイにはシャットダウン・ボタンがなく，通常では，常にマウスかキーボード入力でシャットダウンする必要があります．使用目的を考えると，ボタン操作でシャットダウンを行いたいです．そこで，GPIOピンをPythonで制御してシャットダウンできるようにしておきます．

リスト1のプログラムをラズベリー・パイ起動時に自動実行します．GPIO21番ピンとGNDピンを短絡すればシャットダウン・プログラムが実行されます．

GPIO21番ピンとGNDピンにタクト・スイッチなどをはんだ付けしておくと便利です．

リスト1　スイッチでラズパイをシャットダウンするプログラム(Python)
GPIO21番ピンとGNDピンを短絡したときにシャットダウンする

```
#!/usr/bin/env python2.7
import RPi.GPIO as GPIO
import os
import time
GPIO.setmode(GPIO.BCM)
GPIO.setup(21, GPIO.IN, pull_up_down=GPIO.PUD_UP)
cnt = 0
while cnt < 200:
    if GPIO.input(21) == GPIO.LOW:
        cnt += 1
    else:
        if cnt > 0:
            print "will be reboot the system..."
            GPIO.cleanup()
            os.system("/sbin/shutdown -h now")
            break
        cnt = 0
    time.sleep(0.01) # by 10 ms
else:
    print "will be shutdown the system..."
    GPIO.cleanup()
    os.system("/sbin/shutdown -h now")
```

● 表示画面のサイズは480×320ピクセル

サンプル・プログラムのメイン処理部分に，表示画面サイズとして，

```
int width=480, height=320;
```

と記述しています．これはラズベリー・パイに取り付けた3.5インチ・モニタでの表示を想定したプログラムです．

市販のディスプレイで動作確認する場合も，処理速度を考慮すると`int width=640, height=480`程度が望ましいです．

● ラズベリー・パイ専用カメラではなくUSBカメラを使う場合

筆者提供のサンプル・プログラムを，汎用のUSB接続のウェブ・カメラで動作させる場合について説明します．raspicam_cvのインストールは必要ありませんが，プログラム中のカメラ接続部分を，**リスト2(b)**のコードに読み替えて使ってください．

リスト2　ラズベリー・パイ専用のカメラではなく市販のUSBカメラを使う際の変更点

```
1. cv::Mat img;            //Pi カメラ・イメージを取り込む変数
2. raspicam::RaspiCam_Cv  cCap;  //Pi カメラを使用するための宣言
3. if (!cCap.open()){  //Pi カメラへの接続と確認
          std::cout << "Error opening the camera"<< std::endl;
          return -1;
   }
4. cCap.grab();          //Pi カメラから 1 フレーム分のイメージを読み込むための処理
    cCap.retrieve(srcImg);
                         //Pi カメラから 1 フレーム分のイメージを読み込むための処理
```

(a) PiCamera

```
1. cv::Mat img;            // カメラ・イメージを取り込む変数
2. cv::VideoCapture cCap;  //USB カメラを使用するための宣言
3. cCap.open(0);           //USB カメラへの接続
   if(!cCap.isOpened()){   //USB カメラの確認

        std::cout << "Error opening the camera" << std::endl;
        return -1;
   }
4. cCap , read(img);  // カメラから 1 フレーム分のイメージを読み込むための処理
```

(b) USB カメラ

Appendix 2

体験用ラズベリー・パイの準備

第1章以降の各プログラムは，統合開発環境 Qt Creator (Ubuntu用) を使って作成しました．

本書を試すためのプログラムは，プロジェクト・ファイルとして提供しますので，Qt Creatorのメニューにおいて，プロジェクトを開く (Open Project) から拡張子.proのファイルを読み出すだけですぐに実行できます．

● サポートページのご案内

以下の事柄について，変更があった場合は定期的にサポートページを更新していく予定です．

```
https://interface.cqpub.co.jp/rpicamera00/
```

■ ソフトウェアとライブラリのバージョン

● ラズベリー・パイのOS

ラズベリー・パイのOSは公式サイトからダウンロード可能なRaspberry Pi OS (buster 32 bit) を使っています．バージョンアップ版がアプリから提供された場合，正常に動作しない可能性があります．その場合はラズベリー・パイ公式サイトから該当のバージョンをダウンロードしてご利用ください．

● OpenCVバージョン4.5.0で動作を確認した

OpenCVは2020年12月実時点でリリースされている最新バージョンが4.5.0となっているため，本書でもサンプル・プログラムは4.5.0で動作を確認しています．

第1部で紹介するプログラムは，OpenCV4.5.0を使っています．ラズベリー・パイに同じバージョンのOpenCVをインストール済みの場合は，サンプル・プログラムはそのまま動作しますので，改めてOpenCVをインストールする必要はありません．

本章ではラズベリー・パイで画像センシングを体験する環境を整えるために，以下をインストールします．

- 画像処理ライブラリ：OpenCV
- Piカメラ用ライブラリ：raspicam_cv
- 開発環境：Qt Creator

ここでPiカメラとは，ラズベリー・パイ専用カメラのことを指します．

筆者提供のサンプル・プログラムは，ラズベリー・パイ4Bメモリ4GB版を使って，上記環境で動作確認したものを提供しています．サンプル・プログラムは以下のURLからダウンロードできます．

```
https://www.cqpub.co.jp/interface/download/
contents.htm
```

● 拡張モジュール

一部のプログラムの動作には，拡張モジュールが必要な場合があるため，以下のモジュールも併せてインストールしています．

- OpenCVの拡張モジュール群 opencv_contrib
- Piカメラ用の拡張モジュール raspicam_cv

特にraspicam_cvは，Piカメラを使用する場合に必要なモジュールで，OpenCV本体のインストールが完了した後にraspicam_cvをインストールする必要があります．

■ インストール

● 準備

OpenCVのインストールをラズベリー・パイのコンソール画面から，インストール用のスクリプトを実行することで完了させます．また，サンプル・プログラムの動作確認にはGUI画面が必要となりますので，コマンドラインのみの画面で使用されている方は，GUI画面の設定に変更してからご利用ください．

また，OpenCVのインストールはソースコードからビルド→インストールの手順で行いますが，全てコマンドラインから入力するには手数が多すぎてインストールに失敗する可能性も高くなります．

ここでは，簡単にインストールする方法としてNvidia社から提供されているJetson用のOpenCVインストール・スクリプトをラズベリー・パイ用に修正してOpenCVを導入する方法を紹介します．

● 1…インストール・スクリプトのダウンロード

```
https://raw.githubusercontent.com/AastaNV/JEP/
master/script/install_opencv4.5.0_Jetson.sh
```

上記URLをブラウザで開くと，提供されているスクリプトが確認できます．ダウンロードするには，ターミナル画面(**図1**)を開き，以下のコマンドを入力してください．

```
pi@raspberrypi:~ $ wget -O install_opencv.sh h
ttps://raw.githubusercontent.com/AastaNV/JEP/
master/script/install_opencv4.5.0_Jetson.sh
```

実行後に**図2**の内容がターミナル画面に表示されたら完了です．

図1　ラズベリー・パイのコマンド・プロンプトを起動する

● 2…スクリプトのパーミッションを変更する

実行する前に以下のコマンドでパーミッションの変更をしておきます.

```
pi@raspberrypi:~ $ chmod 755 install_opencv.sh
```

● 3…スクリプトの内容を編集する

▶23行目に記述されているPythonのバージョンを3.6から3.7に変更

- 変更前

```
sudo apt-get install -y python2.7-dev python3.6-dev python-dev python-numpy python3-numpy
```

- 変更後(**図3**)

```
sudo apt-get install -y python2.7-dev python3.7-dev python-dev python-numpy python3-numpy
```

▶42行目に記述されているCUDA関連の部分を削除

図2　インストール・スクリプトのダウンロード

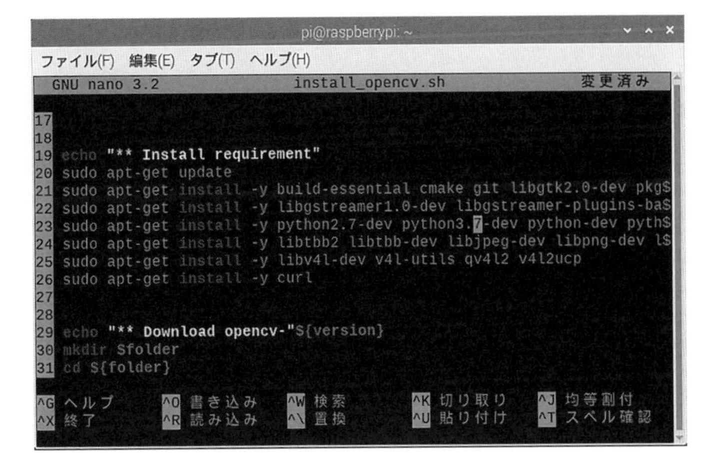

図3 スクリプトの内容を編集する(23行目 python-3.6-dev を python-3.7-dev へ修正)

```
-D WITH_CUDA=ON -D WITH_CUDNN=OFF -D CUDA_ARCH_
BIN="5.3,6.2,7.2" -D CUDA_ARCH_PTX=""
```

削除後は以下の記述内容となります(**図4**).

```
cmake -D OPENCV_GENERATE_PKGCONFIG=ON -D
OPENCV_EXTRA_MODULES_PATH=../../opencv_contrib-
${version}/modules -D
WITH_GSTREAMER=ON -D WITH_LIBV4L=ON -D BUILD_
opencv_python2=ON -D
BUILD_opencv_python3=ON -D BUILD_TESTS=OFF -D
BUILD_PERF_TESTS=OFF -D
BUILD_EXAMPLES=OFF -D CMAKE_BUILD_TYPE=RELEASE -D
CMAKE_INSTALL_PREFIX=/usr/local ...
```

● 4…OpenCVをインストールする

編集されたスクリプトを実行します．以下のコマンドを実行し

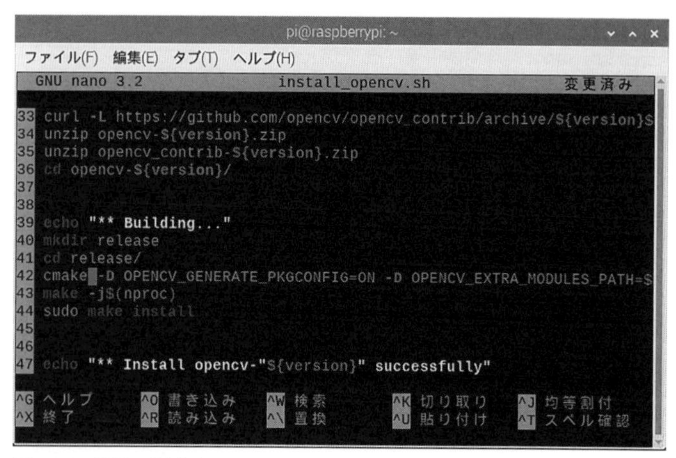

図4　42行目に記述されているCUDA関連の部分を削除後

てください．

```
pi@raspberrypi:~ $ ./install_opencv.sh
```

スクリプトを開始すると約1時間でターミナル画面に以下の内容が表示されます．これでOpenCVのインストールは完了です．

```
** Install opencv-4.5.0 successfully
** Bye :)
```

■ OpenCVでPiカメラを使えるようにする

本書では，ラズベリー・パイに直接接続できるPiカメラを使っています．OpenCVのインストールが完了したら，以下に示す追加モジュールをインストールします．この作業は，USB接続のウェブ・カメラを使用する場合は必要ありません．ただし，サンプル・プログラムは，USBカメラ用に修正してご利用ください．

● 1…Piカメラ追加モジュールのダウンロード

以下のウェブ・ページを開いて最新バージョンを確認します．

```
https://sourceforge.net/projects/raspicam/files/
```

執筆時点の最新バージョンは0.1.9ですが，新しいバージョンがあれば，そちらに読み替えてインストールしてください．

コマンドを入力するためにターミナル画面を開いて，以下のコマンドを入力して追加モジュールをダウンロードします．

```
pi@raspberrypi:~ $ wget
https://downloads.sourceforge.net/project/
raspicam/raspicam-0.1.9.zip
```

実行後に**図5**の内容がターミナル画面に表示されたら完了です．

● 2…Piカメラ追加モジュールのインストール

Piカメラ追加モジュールのインストールは，ターミナル画面を開き，以下のコマンドを順番に入力してください．

ダウンロードしたファイルを解凍します．

```
pi@raspberrypi:~ $ unzip raspicam-0.1.9.zip
```

ディレクトリを作成して移動します．

図5 Piカメラ追加モジュールのダウンロード

```
pi@raspberrypi:~ $ cd raspicam-0.1.9
pi@raspberrypi:~/raspicam-0.1.9 $ mkdir build
pi@raspberrypi:~/raspicam-0.1.9 $ cd build
```

cmakeコマンドを使ってコンパイルを行います．

図6のようにメッセージが表示されれば正常です．

```
pi@raspberrypi:~/raspicam-0.1.9/build $ cmake ..
```

最後にインストールを行います．パスの位置がpi@raspberrypi:~/raspicam-0.1.9/buildになっていることを確認して，以下のコマンドを実行してください．

```
pi@raspberrypi:~/raspicam-0.1.9/build $ make &&
sudo make install
pi@raspberrypi:~/raspicam-0.1.9/build $ sudo
ldconfig
```

```
$ cmake .. ↵
-- The C compiler identification is GNU 8.3.0
-- The CXX compiler identification is GNU 8.3.0
-- Check for working C compiler: /usr/bin/cc
中略
-- Found OpenCV: /usr/local (found version "4.5.0")
-- -----------------------------------------------
-- GNU COMPILER
-- -----------------------------------------------
-- Adding cv library
--
-- -----------------------------------------------
-- General configuration for raspicam 0.1.9
-- -----------------------------------------------
--
Built as dynamic libs?:ON
中略
-- Configuring done
-- Generating done
-- Build files have been written to:
/home/pi/raspicam-0.1.9/build
```

図6　Piカメラ制御用拡張モジュールraspicam_cvのコンパイルがうまくいったとき

■ プログラムを試す

サンプル・プログラムは，初めての方にも簡単に試せるように，統合開発環境で作成しています．

● 1…Qt Creatorをインストールする

コマンド・プロンプト(ターミナル)画面を開き，以下のコマンドを入力してください．

```
$ sudo apt update
$ sudo apt install qt-sdk qtbase5-dev libgl1-mesa-dev
```

● 2…プロジェクトをダウンロード

Qt Creator版のプロジェクト QtProjects.zipは，以下のURLよりダウンロードしてください．

```
https://www.cqpub.co.jp/interface/download/contents.htm
```

ダウンロード完了後は，/home/piにファイルを置いてください．

● 3…ダウンロード・ファイルの解凍

ダウンロード・ファイルはZIPファイルとなっているため解凍して使用します．以下のコマンドで解凍してください．

```
$ unzip QtProjects.zip
```

解凍後にQtProjectsディレクトリが作成されていることを確認してください．

● 4…Qt Creatorを起動する

デスクトップ画面の左上のラズパイ・アイコンをクリックして，「プログラミング」→「Qt Creator」を選択して，起動してください．

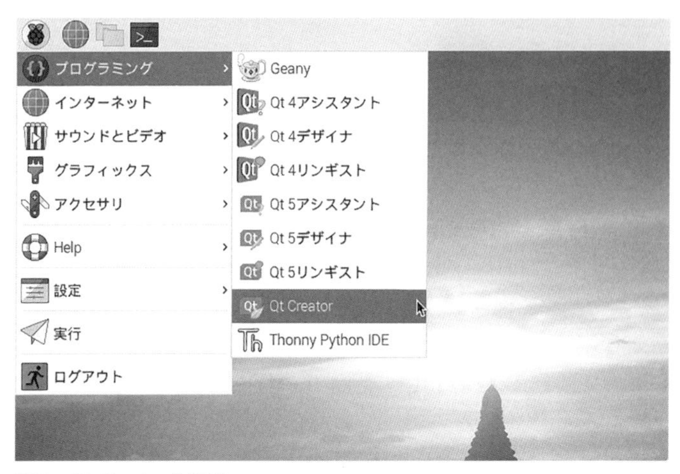

図7　Qt Creatorを起動

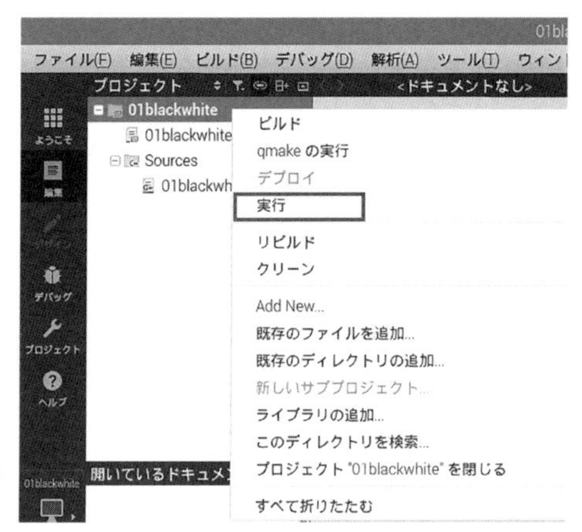

図8　プロジェクト・ツリーのトップを右クリックして実行

● 5…プロジェクトを開く

Qt Creatorを起動します(**図7**)．起動画面から「ようこそ」→「プロジェクト」を選択して「Open Project」で使用したいフォルダを開いて，拡張子 .proのファイルを開きます．

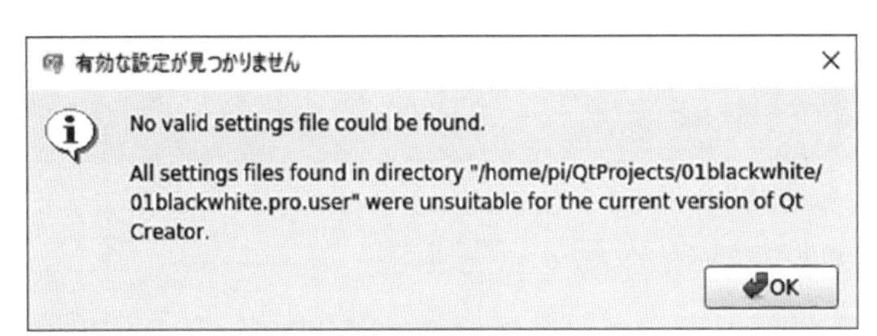

図9　サンプル・プログラムを初めて開いたとき

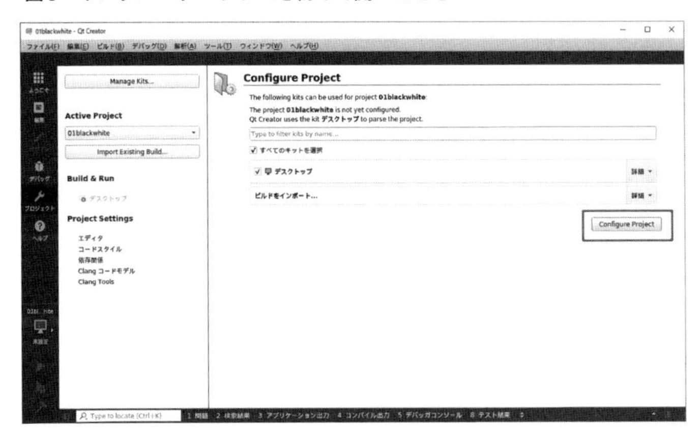

図10　[Configre Project] ボタンを押すと編集画面に切り替わる

● 6…サンプル・プログラムの実行

プロジェクトのツリー構造からツリーのトップを右クリックすると実行メニューが表示されますのでクリックして実行してください(**図8**).

● サンプル・プログラムを初めて開く場合

サンプル・プログラムを初めて開くと**図9**のようなダイアログ・メッセージが表示されます．この場合 [OK] ボタンを押すと**図10**の画面に切り替わり，[Configre Project] ボタンを押すと編集画面に切り替わり実行可能になります．

Appendix 3

パソコンだけでも体験できます

筆者提供のプログラムは，ラズベリー・パイではなく，Windowsパソコンだけでも試せます．

■ 画像処理ライブラリOpenCVのインストール

OpenCV4.5.0（執筆時点のバージョン）のインストールを完了します．

● ステップ1

ブラウザで，下記URLを開いて，対象のバージョンからWindowsを選択して，OpenCVをダウンロードしてください（**図1**）．

```
https://opencv.org/releases/
```

● ステップ2

ダウンロードしたファイルは自己解凍の圧縮ファイルになっています．解凍するとopencvのフォルダが作成されます（**図2**）．

● ステップ3

このフォルダ名を「opencv450」に変更して，Cドライブの直下に移動してください（**図3**）．Windows10で使用するOpenCVの準備はこれで完了です．

■ 開発環境Visual Studioのインストール

Windows版のサンプル・プログラムは，Visual Studio 2019（2020年末の最新バージョン）で作成してあります．お使いのPCにインストールされていない方は，以下の手順で環境設定してく

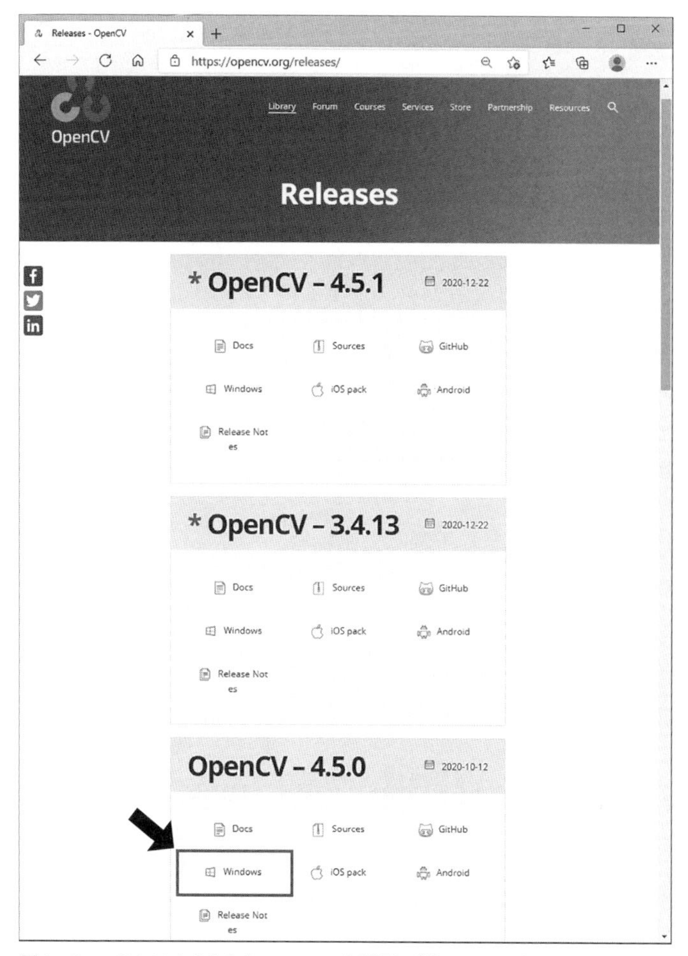

図1　OpenCV-4.5.0の中からWindowsを選択しダウンロードする

図2　実行するとopencvフォルダが作成される

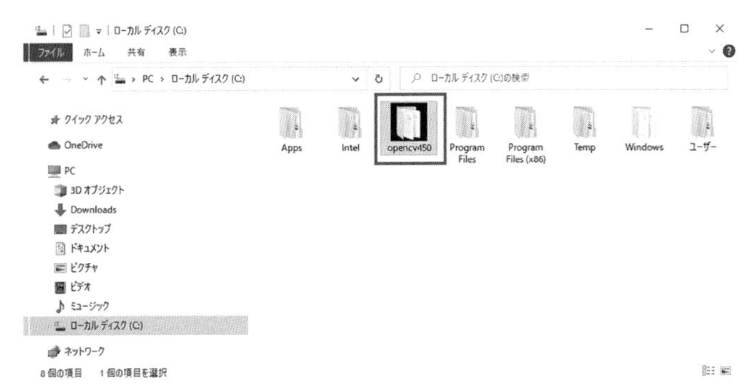

図3　「opencv450」フォルダごとCドライブ直下に移動する

ださい.

● ステップ4

ブラウザで下記URLを開いて，コミュニティ，Professional, Enterpriseの中から必要なパッケージをダウンロードしてください（**図4**）.

```
https://visualstudio.microsoft.com/ja/downloads/
```

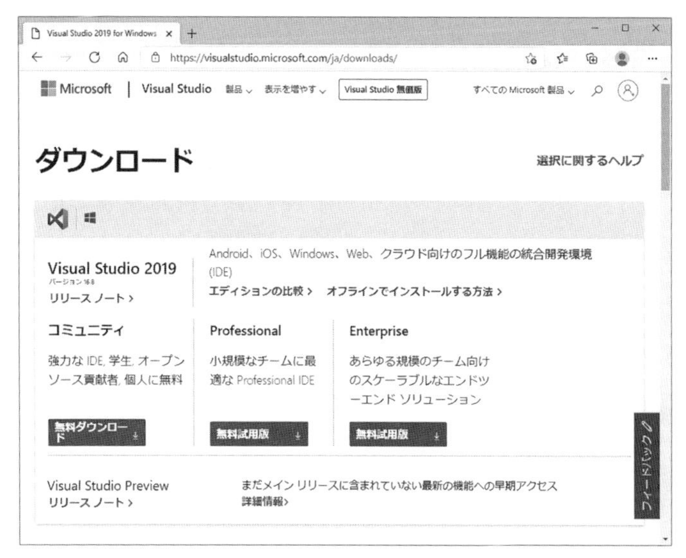

図4　コミュニティ，Professional，Enterpriseから選んでダウンロードする

● ステップ5

ダウンロード・ファイルを実行してインストールを完了します．

■ サンプル・プログラムの試し方

ここからはサンプル・プログラムを試す方法を案内します．

● ステップ6

本書ウェブ・ページからWindows版プロジェクトをダウンロードしてください．

```
https://www.cqpub.co.jp/interface/download/contents.htm
```

図5　起動画面

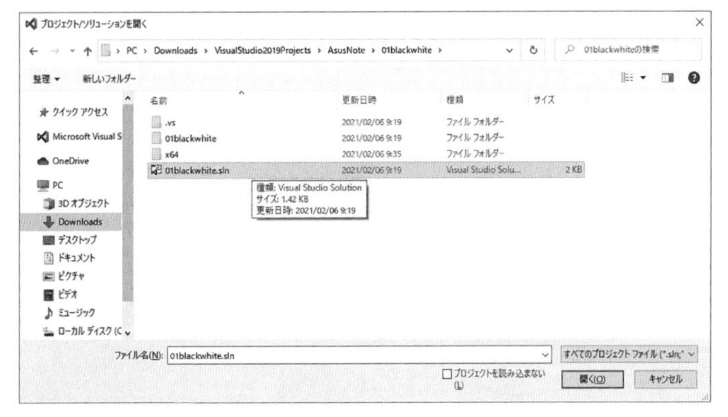

図6　体験したいサンプル・プログラムの.slnファイルを開く

● ステップ7

ダウンロード・ファイルはZIP形式で提供されますので，解凍して任意の場所に移動してください．解凍後の各フォルダは，プロジェクト単位で振り分けられています．

● ステップ8

Visual Studioからサンプル・プロジェクトを開くには，以下

図7　ローカルWindowsデバッガーをクリックすると実行される

図8　実行中の画面

の手順で行います.

1. Visual Studioを起動する.
2. 起動画面(**図5**)から「プロジェクトやソリューションを開く(P)」をクリックする.
3. 解凍したファイルから任意のフォルダを選択して，拡張子.slnのファイルを開くと，プロジェクト・ファイルが読み込まれ，使える状態になる(**図6**).
4. 実行する場合は，上部ツールから「Release」「x64」となっていることを確認して「▲ローカルWindowsデバッガー」(**図7**)をクリックすると，サンプル・プログラムが起動します(**図8**).

Appendix 4
最低限おさえておきたい画像処理

画像処理に関するアルゴリズムは単純な処理から複雑なアルゴリズムを必要とする処理を含めると，筆者も正確に把握しているわけではありませんが，数千～数万と言えるほどの種類があると思われます．

表1はInterface誌でも紹介している画像処理の基本アルゴリズムのほんの1例です，本書でも画像処理でよく使用されているアルゴリズムを紹介しています．サンプル・プログラムも併せてご確認いただければ幸いです．

● 選んだ画像処理

今回のラズベリー・パイやパソコンを使用した画像処理の基本として，次の画像処理を選びました．さまざまな画像解析で筆者がよく使っているというのが主な理由です．

▶1. 2値化

2値化の場合はグレー・スケールから変換する場面でよく使用します．明暗の境目を明確にすることで画像内のエッジ処理の前処理として利用したりします．また，画像サイズも小さくなることから，2値化画像にて解析可能な場合は，処理速度を大幅に上げる効果があります．

▶2. グレー・スケール

ラズベリー・パイやPCも以前と比べて搭載メモリの容量が大きくなり，少々の画像処理でメモリが足りないという事態にはならなくなりました．ですが，グレー・スケール画像にすると，データ自体が少なくなり，処理速度に大きく貢献することから，画像処理では頻出する処理となります．

▶3. HSV変換

表1　画像処理アルゴリズムは多数あるため列挙できないがほんの1例

内　容
2値化
グレー・スケール化
HSV変換
RGB分割
色反転

(a)色の変換

内　容
平均値フィルタ
ガウシアン・フィルタ
メディアン・フィルタ

(b)ぼかし処理

内　容
バイリニア法
ランチェス法
バイキュービック法
最近傍法

(c)サイズ変換

内　容
キャニー・フィルタ
ラプラシアン・フィルタ
ソーベル・フィルタ

(d)エッジ処理

内　容
クロージング
クロージング
トップハット
勾配
収縮
膨張

(e)モルフォロジー変換

内　容
回転処理
パース処理

(f)画像の変形

内　容
透過処理
マスク処理

(g)画像の合成

内　容
円検知
楕円検知
テンプレート・マッチング
カスケード分類器

(h)検知

内　容
画像のヒストグラム
画像の差分処理

(i)その他の処理

色を扱う場合は色空間という概念を使用しますが，通常の画像表示にはRGBを使用します．HSV変換は人間が色を知覚する方法に類似していると言われていて，色の範囲を指定する場合に効果的に使用できます．

▶4. RGB分割

RGBの色データを各色に分ける処理で，分けられた各色のデータは明暗だけを持っているので，表示するとグレー・スケール画像になっています．

例えばカラー画像のヒストグラムを生成する場合に前処理として使っています．

▶5. ぼかし処理

画像処置の前処理として，ぼかし処理をして画像を平滑化することでノイズを除去します．本書では，後述のマスク処理と合わせて，顔部分などに対してぼかし処理を入れることで，個人情報などに配慮したIoTカメラとしての利用を紹介します．

▶6. 色反転

カラー画像で色反転を行うと，ネガポジ反転と言われる画像を生成します．白黒画像で処理すると単純に白い部分と黒い部分が逆になる画像が生成されます．

白黒画像においては，後述のマスク合成で使用する場合に，選択範囲を反転させる際に色反転を利用します．

▶7. サイズ変換

カメラ・モジュールやスマホで保存された画像は，4Kサイズで保存されることも珍しくなくなりましたが，そのままのサイズで画像処理を行うと，CPUにとって重い処理になったり，そもそもPC画面に表示しきれない大きさになったりして，実用的なメリットがほとんどありません．このような場合は画像を縮小し，実用的なサイズに変換して使用します．

また，複数の画像を処理する過程で，画像サイズをそろえる必要がある場合は，縮小/拡大の両方を使用します．

▶8. エッジ処理

エッジ処理は画像内の境界を検出することで，さまざまな検出の前処理として使われます．

写真画像から線画を作成したい場合にも効果的に利用できます．画像編集ソフトウェアでイラストを作成する際の下処理に使われたりしています．

▶9. モルフォロジー変換

モルフォロジー変換は，2値化された画像内のノイズ処理に使用できます．対象画像によっては，ぼかし処理よりも効果的な場合があります．

本書ではノイズ処理のほかに，エッジ処理後の輪郭線の補正目的で線を太くしたり細くしたりする画像処理を紹介しています．

▶10. 回転変形

回転処理は90°以外にも任意の角度で回転しますが，回転させた画像はそのまま使用することは少なく，他の画像と合成する場面がほとんどです．

変形処理で代表的な処理はパース変換があります．こちらは斜めから撮影された映像を，あたかも正面から撮影したような画像に変換したり，逆に正面映像を斜めから見たような映像に変換したりする処理を行います．

特殊な利用方法としては，平行に設置した2つのカメラ映像を1枚の映像に合成する場合などにも使用することがあります．

▶11. 合成

同じ構成の映像を複数枚合成することで，1枚の映像では現れなかった特徴を強調したり，マスク画を使用したマスク合成をしたりすることで，映像の一部エリアのみを対象とした画像解析を行うのに使用できます．

また，通常画像の上に透明な画像を重ねて透明部分に描画することで，半透明の画像を重ねる方法を「透過合成」として本書で応用しています．

▶12. 検知

画像から特定の情報を検知する処理は，画像処理において使用頻度が高いです．検知には画像内から形状を検知する円検知，楕円検知などがあり，前処理において必要となる情報を強調することで，精度の高い検知が可能です．

初めから検知対象が判明している場面では，テンプレート・マッチングが有効で，処理速度も速いことから，必ず同形状のものが作られる生産ラインなどで役立ちます．

人物や動物など，分類として検知したい場合は，カスケード分類器を使用します．こちらは学習された情報ファイルを使用することで，データの準備に膨大な時間を必要としますが，そのぶん応用範囲の広さでは最も役に立つ検知方法となります．

▶13. その他

使用場面としては少ないかもしれませんが，写真画像の判断としてヒストグラムがあります．

赤，青，緑の画素値0～255をグラフ化することで，各色情報の明暗を視覚で確認でき，この情報を利用することで撮影場所の光源を調整するなどの利用に役立ちます．

また，定位置撮影でヒストグラムを比較することで，場面の状況変化などにも応用できます．

動画や連続した画像などで全体の状態変化の情報を得るには背景差分が役に立ちます．こちらは画像内の画素値の変化を確認することで処理しますが，実際に使用する場合は複数の画素値の平均値と比較することで軽微な変化を除去します．

第1部

基本の画像処理

1-0 プログラムと画像データの準備

本書ではOpenCVの関数を使用して記述した画像処理のプログラムを紹介します．基本的な関数の使い方を機能別に整理できるように意識しています．

プログラムの開発・実行環境を**表1**に示します．

● プログラムの記述

ここで紹介するプログラムは，C++言語で記述しています．ラズベリー・パイ向けのプログラム（**表1**）ですが，WindowsやMacでも，ほとんど修正することなく動作するはずです．

● プログラム実行時の設定

OpenCVを利用するプログラムの実行には，リンク・ファイルを設定する必要があります．リンクが必要なライブラリ名は，見出しに記載しています．

● 画像データの準備

プログラムを実行する際に使用する画像データは，画素数に注

表1　プログラムの開発・実行環境

コンピュータ	ラズベリー・パイ4 4GB
OS	Raspberry Pi OS(buster)
SDカード容量	32Gバイト
カメラ・モジュール	ラズパイ専用PiCamera V2
画像処理ライブラリ	OpenCV 4.5.0
拡張モジュール	Raspicam_cv.0.1.9

意してください．

液晶ディスプレイの解像度はフルHD（1920×1080）が一般的ですが，最近のデジカメ画像では4K（3840×2160）を超えています．

そのため，デジカメで撮影した写真を利用する場合は，

```
resize（入力画像，出力画像， Size()， 0.2, 0.2）
```

などとコード内に記述して縮小するか，あらかじめ縮小した写真を利用してください．

● プログラムの入手先

入手先は下記です．

```
https://www.cqpub.co.jp/interface/download/contents.htm
```

ラズベリー・パイ用とPC用にプロジェクト・ファイルも準備しました．

1-1　カラー画像のグレー・スケール化

フォルダ名：02grayscale
リンク・ファイル：opencv_core, opencv_highgui, opencv_imgproc, opencv_imgcodecs

画像処理では，いろいろな場面でグレー・スケール化処理を利用することがあります．基本的なOpenCVのグレー・スケール化として`cvtColor()`を使用する方法を紹介します（**図1**）．

● 仕組み

一般的なカラー画像は，各画素がR（赤），G（緑），B（青）の3チャネルの情報を持ち，各チャネルが8ビット（0～255）の値を持つことで表現されています．各チャネルの画素値を同じにすることで，グレー・スケール画像になります．

グレー・スケール変換では，8ビット，3チャネル分の情報が8ビット，1チャネルの情報に変換されます（**図2**）．フル・カラー（8ビット，3チャネル）の情報のまま，同じ画素に対応する画素値を3チャネルとも同じにしても，画面表示はグレー・スケール表現となります．

グレー・スケール変換後の画像に緑の四角を描画すると，3チャネルの画像では緑の四角が描画されますが，1チャネルの画像は黒く描画されます［**図1(b)**］．

通常，グレー・スケールは色情報を必要としない場面で使用されることが多いので，8ビット，1チャネルに変換します．この方がデータ量が少なくなり，この後の画像処理を行う場合の処理速度に影響してきます．

● プログラム

カラー画像をグレー・スケール化するプログラムを**リスト1**に

(a) グレー・スケール変換

(b) 緑色で四角を描画

図1 カラー画像をグレー・スケール化する

カラー画像を下記URLで確認できます.
https://interface.cqpub.co.jp/rpicamera01/

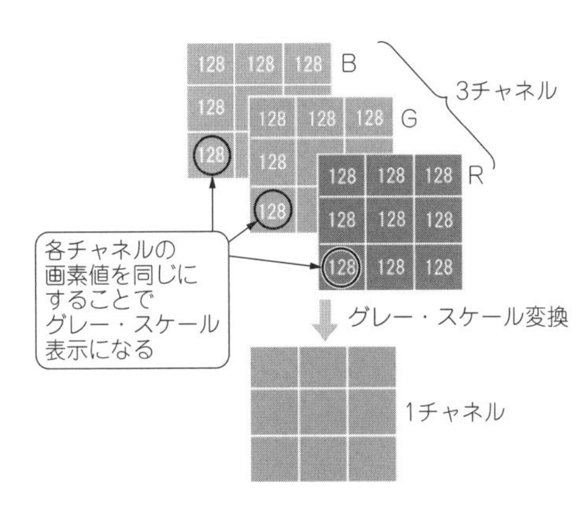

図2 RGBの各チャネルの値を同じにする

リスト1　グレー・スケール変換プログラム（02grayscale.cpp）

```
000: #include <iostream>
001: #include <opencv2/opencv.hpp>
002:
003: int main(){
004:
005:     cv::Mat img = cv::imread("../images/IMG_0567s.jpg");
006:     cv::Mat gray;
007:
008:     cv::cvtColor(img, gray, cv::COLOR_BGR2GRAY);
009:     cv::namedWindow("Original ",
             cv::WINDOW_AUTOSIZE | cv::WINDOW_FREERATIO);
010:     cv::namedWindow("Gray", cv::WINDOW_AUTOSIZE |
                                   cv::WINDOW_FREERATIO);
011:     cv::imshow("Original", img);
012:     cv::imshow("Gray", gray);
013:     cv::waitKey(0);
014:
015:     return 0;
016: }
```

示します．今後の基本形となるプログラムになりますので，グレー・スケール化以外の解説も行います．

▶イメージを扱う型

`cv::Mat`

Matはオーバロードされる引き数が多くありますが，多くの場合はデフォルト・コンストラクタで十分です．

▶グレー・スケール変換

```
cv::cvtColor(入力画像(BGR), 出力画像(グレー・スケール),
                                  cv:: COLOR_BGR2GRAY );
```

ある色空間を別の色空間に変換する関数です．グレー・スケール変換以外にも使用可能です．

例えば第3引き数にcv::COLOR_GRAY2BGRを指定すると，8ビット，1チャネルのグレー・スケールから8ビット，3チャネルのグレー・スケールに変換できます．

▶イメージ・ファイルの読み込み

`cv::imread(画像ファイルをフル・パスで指定)`

以下に示す形式のファイルを読み込めます.

- Windowsビットマップ(*.bmp, *.dib)
- JPEG(*.jpeg, *.jpg, .jpe)
- JPEG2000(*.jp2)
- PNG(*.png)
- SUNラスタ(*.sr, *.ras)
- TIFF(*.tiff, *.tif)
- OpenEXR(*.exr)
- HDR(*.hdr, *.pic)

▶**イメージを表示するウィンドウの設定**

cv::namedWindow(ウィンドウの名前(文字列,
　　　　　　　　ウィンドウ・サイズ, 画像のアスペクト比)

第2引き数と第3引き数は省略できます.

cv::namedWindow("文字列")

この場合, 初期値としてそれぞれ, cv::WINDOW_AUTOSIZEとcv::WINDOW_FREERATIOが使用されます.

▶**イメージの画面表示**

cv::imshow(ウィンドウの名前(文字列), Mat型の変数)

指定したウィンドウに画像を表示します. 実際に表示させるには, waitKey()が必要です.

この関数は動画を表示する場合にも使用します.

▶**キー入力の待ち受け**

cv::waitKey(時間)

引き数には, キー入力を受け付ける時間をms(ミリ秒)で指定します. 時間に0を指定すると, 何かのキーが押されるまでループが続くことになります.

戻り値はキーボードを操作したときのキー・コードです.

imshow()で画面表示関数を呼び出しても, waitKey()が呼ばれるまで実際に画面に表示されることはありません.

1-2　グレー・スケール画像の2値化

フォルダ名：01blackwhite
リンク・ファイル：opencv_core, opencv_highgui, opencv_imgproc, opencv_imgcodecs

　ここでは，threshold()関数を使用して，引き数にいろいろな値を設定することでさまざまな2値化変換を行います(**図3**)．

　グレー・スケール画像の各画素値を，しきい値を基準に0または255にそろえることで2値化できます．

　しきい値を128に設定した場合の2値化変換の例を**図4**に示します．128未満の画素値は全て0(黒)に，128以上の画素値の場合は全て255(白)に書き換えます．

● プログラム

　グレー・スケールを画像2値化するプログラムを**リスト2**に示します．

▶グレー・スケール画像を2値化する

```
cv::threshold(入力画像，出力画像，しきい値，しきい値を超えた
                    場合の最大値，しきい値を超えた場合の条件)
```

　各画素にしきい値に応じた値を適用します．第5引き数の「しきい値を超えた場合の条件」には，次を使用できます(**図5**)．

グレー・スケール画像

2値画像

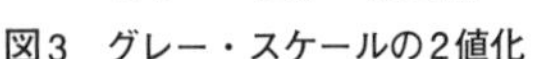

図3　グレー・スケールの2値化

リスト2　2値化変換プログラム（01blackwhite.cpp）

```
000: #include <iostream>
001: #include <opencv2/opencv.hpp>
002:
003: static int thresh = 128;
004: static int max_thresh = 255;
005: static cv::Mat img = cv::imread("../images/IMG_0567s.jpg");
006: static cv::Mat gray, bwImg;
007:
008: void thresh_callback(int pos, void*);
009:
010: int main(){
011:     cv::cvtColor(img,gray,cv::COLOR_BGR2GRAY);
012:     cv::namedWindow("Original");
013:     cv::imshow("Original", img);
014:     cv::createTrackbar("thresh", "Original", &thresh,
                                  max_thresh, thresh_callback);
015:     thresh_callback(thresh, 0);
016:     cv::waitKey(0);
017:     return 0;
018: }
019: void thresh_callback(int pos, void*){
020:     cv::threshold(gray, bwImg, pos, 255, cv::THRESH_TRUNC);
021:     cv::namedWindow("BWImg");
022:     cv::imshow("BWImg", bwImg);
023: }
```

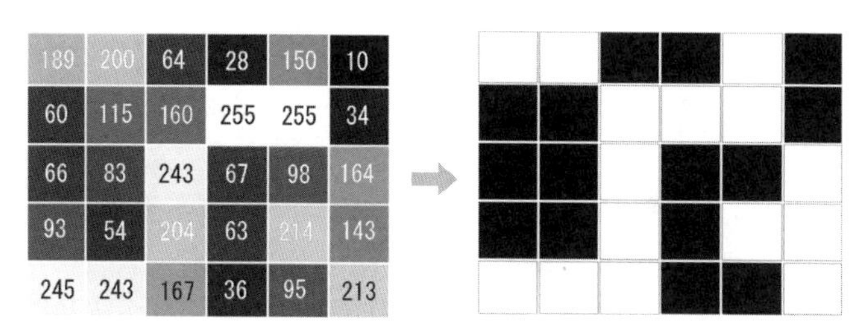

図4　しきい値を基準に0または255にそろえる

- THRESH_BINARY：しきい値以下の値は0に，それ以外はしきい値を超えた場合の最大値（maxval）になります．
- THRESH_BINARY_INV：しきい値より大きい場合は0にそれ以外はmaxvalになります．
- THRESH_TRUNC：しきい値より大きい場合はしきい値に切り詰め，それ以外はそのままになります．

（a）THRESH_BINARY

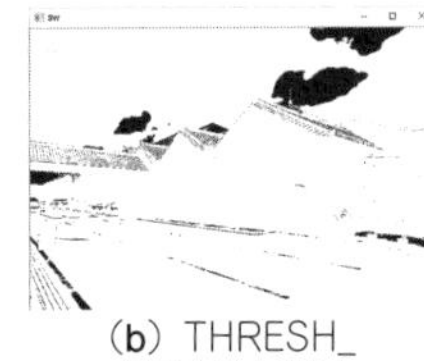

（b）THRESH_BINARY_INV

（c）THRESH_TRUNC

（d）THRESH_TOZERO

（e）THRESH_TOZERO_INV

（f）参考…フル・カラー（THRESH_BINARY）

図5　いろいろな2値化法

- THRESH_TOZERO：しきい値より大きい値はそのままで，それ以外は0になります．
- THRESH_TOZERO_INV：しきい値以下の値はそのままで，それ以外は0になります．
- THRESH_OTSU：大津アルゴリズムを使用して最適なしきい値を設定します．
- THRESH_TRIANGLE：三角アルゴリズムを使用して最適なしきい値を設定します

通常の2値化変換は，THRESH_BINARYかTHRESH_BINARY_INVのどちらかを使います．この2つ以外は，しきい値を境に切り詰める手法になります．

THRESH_OTSUとTHRESH_TRIANGLは単独では使用できません．他の条件と組み合わせて，例えば以下のように使用します．

```
cv::threshold(gray,bwImg,0,192,cv::THRESH_BINARY
                    |cv::THRESH_OTSU)
```

しきい値は入力画像により自動で決定されるので，第3引き数を設定しても無視されます．

1-3　基本図形や文字の描画

フォルダ名：03shapeandcharacter
リンク・ファイル：opencv_core, opencv_highgui, opencv_imgproc, opencv_imgcodecs

ここでは，OpenCVの画像認識のマーカとしてよく使われる，ライン，四角，円，楕円(だえん)，文字表示について紹介します(**図6**).

基本図形は画像処理後のマーカ表示などでよく使われます．顔認識，円検出，楕円検出，直線検出を行い，検出結果をマーカ表示した例を**図7**に示します．

● 仕組み

描画を行う場合は，表示位置に画像の座標を指定する必要があります．OpenCVで指定する座標は，常に左上が起点となり，X軸は右方向に，Y軸は下方向に座標値が増えていきます(**図8**).

● プログラム

プログラムを**リスト3**に示します．

▶直線を描画

元画像

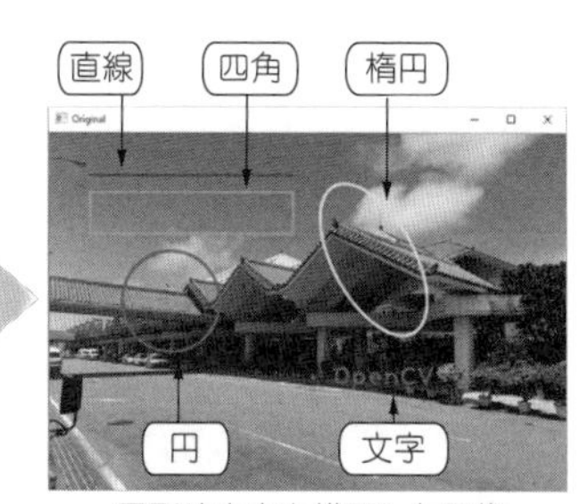

図形や文字を描画した画像

図6　図形と文字の描画
カラー画像を下記URLで確認できます．
https://interface.cqpub.co.jp/rpicamera01/

(a) 顔認識

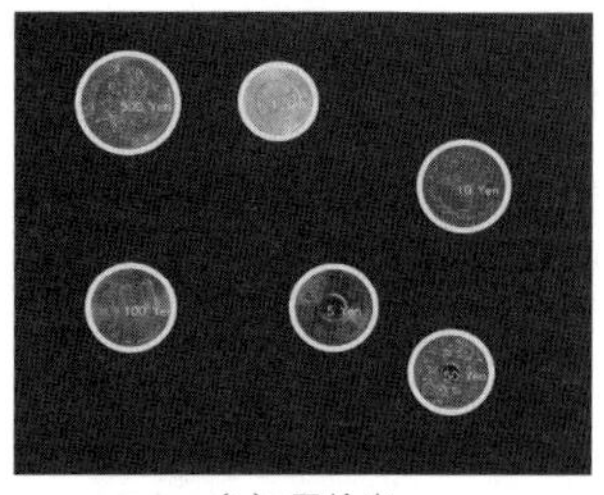

(b) 円検出

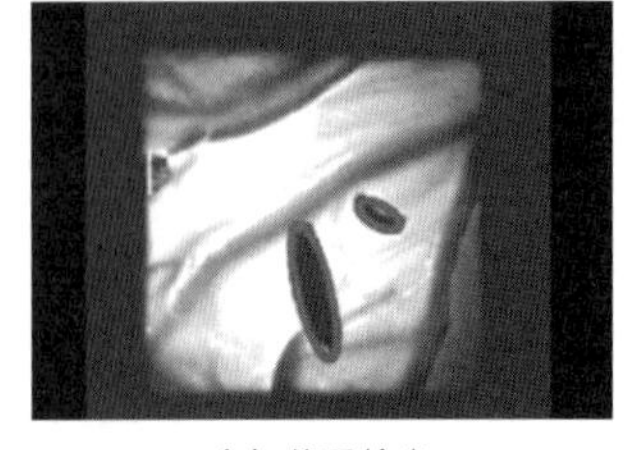

(c) 楕円検出

(d) 直線検出

図7　マーカ表示の例

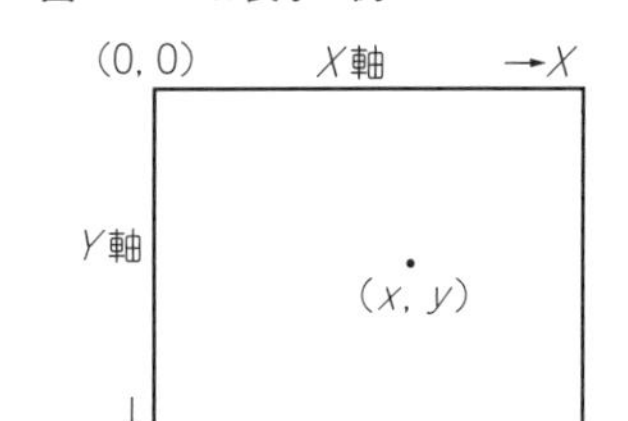

図8　OpenCVの座標

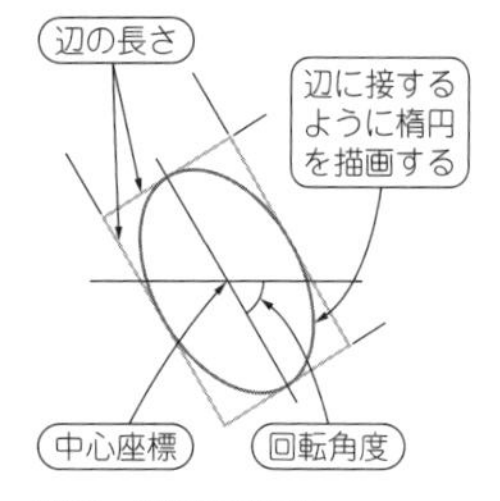

図9　楕円の描画

```
cv::line(描画する画像, 開始座標, 終了座標, 描画色, 線の太さ)
```

▶四角を描画

```
cv::rectangle(描画する画像, 開始座標, 対角座標, 描画色, 線
              の太さ)
```

▶円を描画

```
cv::circle(描画する画像, 円の中心座標, 半径, 描画色, 線の太
           さ, 線のタイプ)
```

リスト3　基本図形と文字プログラム（03shapeandcharacter.cpp）

```
000: #include <iostream>
001: #include <opencv2/opencv.hpp>
002:
003: int main()
004: {
005:     cv::Mat img(cv::Size(640, 480), CV_8UC3, cv::Scalar
                                              (255, 255, 255));
006:
007:     cv::line(img, cv::Point(50, 50), cv::Point(300, 50),
                                   cv::Scalar(255, 0, 0),2);
008:     cv::rectangle(img, cv::Point(50, 70), cv::Point
                        (300, 120), cv::Scalar(0, 255, 0), 2);
009:     cv::circle(img, cv::Point(150, 200), 60, cv::Scalar
                                  (0, 0, 255), 2, cv::LINE_AA);
010:     cv::RotatedRect  box(cv::RotatedRect(cv::Point2f
                        (400,150), cv::Point2f(150,100), 60));
011:     cv::ellipse(img, box, cv::Scalar(0, 255, 255), 2,
                                                  cv::LINE_AA);
012:     cv::putText(img, "OpenCV", cv::Point(350, 300),
                         cv::FONT_HERSHEY_PLAIN, 2, cv::Scalar
                              (255, 0, 255), 2,cv::LINE_AA);
013:
014:     cv::namedWindow("Original");
015:     cv::imshow("Original", img);
016:     cv::waitKey(0);
017:
018:     return 0;
019: }
```

座標を指定

ここでは
色指定BGRの順

ラインの種類.
ここではアンチエイリアス
を指定

▶回転四角形

`cv::RotatedRect box`（中心座標(x, y), 各辺の長さ, 回転角度）

この関数は，描画しません．エリアを指定するだけです．指定された値は，楕円を描画する関数`ellipse()`の引き数で使用します．

▶楕円を描画

`cv::ellipse`(描画する画像，`RotatedRect`で指定したエリア，描画色，線の太さ，線のタイプ)

楕円の描画方法を**図9**に示します．

▶文字を描画

`cv::putText`(描画する画像，文字列，描画開始座標，フォント，フォント・サイズ，文字色，線の太さ，線のタイプ)

1-4　画像をぼかす平滑化

フォルダ名：04blur
リンク・ファイル：opencv_core, opencv_highgui, opencv_imgproc, opencv_imgcodecs

ここでは，画像をぼかす，具体的には画面を平滑化する方法について紹介します(**図10**)．

ぼかすこと(平滑化)により，画像処理が非常にやりやすくなることがあります．例えばエッジ検出では，ノイズ部分がエッジと認識されてしまうため，いったん平滑化します．

● プログラム

画像をぼかすプログラムを**リスト4**に示します．ガウシアン・フィルタGaussianBlur()を用いています．プログラムを実行すると，上部にスライド・バーが表示されます．ぼかしのパラメータを変化させられるので，動かしてみてください．

顔認識などの前処理にはガウシアン・フィルタを用いると必要な効果が得られますが，その他のOpenCVで使用可能なぼかしフィルタも合わせて解説します．

▶ガウシアン・フィルタ

```
cv::GaussianBlur(入力画像，出力画像，ガウス・カーネル・サ
                  イズ，
                  X方向のガウス・カーネル標準偏差
                  Y方向のガウス・カーネル標準偏差)
```

ガウス・フィルタを使用して画像をぼかします．

第2引き数のガウス・カーネル・サイズは奇数にする必要があります．サイズを大きくすると，ぼかし効果が強くなります(**図11**)．0を指定した場合は，カーネル標準偏差から計算されます．

リスト4　ガウシアン・フィルタを使用したプログラム（04blur.cpp）

```
000: #include <iostream>
001: #include <opencv2/opencv.hpp>
002:
003: void thresh_callback(int pos, void*);
004: static cv::Mat srcImg = cv::imread
                                    ("../images/IMG_0567s.jpg");
005: static cv::Mat dstImg;
006: static int ksize;
007:
008: int main()
009: {
010:     int thresh = 0;
011:     int max_thresh = 99;
012:
013:     cv::namedWindow("Original");
014:     cv::imshow("Original", srcImg);
015:     cv::createTrackbar("ksize : ", "Original",
                    &thresh, max_thresh, thresh_callback);
016:
017:     thresh_callback(thresh, 0);
018:
019:     cv::waitKey(0);
020:     return 0;
021: }
022:
023: void thresh_callback(int pos, void*) {
024:
025:     ksize = (pos % 2 == 0) ? pos + 1 : pos;
026:     cv::GaussianBlur(srcImg, dstImg, cv::Size
                                    (ksize,ksize), 0.0, 0.0);
027:     cv::imshow("DST", dstImg);
028:
029: }
```

(a) きれいな画像

(b) ぼかし画像

図10　画像をぼかす…平滑化

カラー画像を下記URLで確認できます．
https://interface.cqpub.co.jp/rpicamera01/

▶メディアン・フィルタ

`cv::medianBlur`(入力画像, 出力画像, アパーチャ・サイズ)

マルチチャネル画像の各チャネルは独立して処理されます. アパーチャ・サイズは1より大きな奇数を指定します(**図12**).

(a) `(srcImg, dstImg, cv::Size(11, 11), 10, 10)` に設定

(b) `(srcImg, dstImg, cv::Size(51, 13), 80, 3)` に設定

図11　ガウシアン・フィルタの効果

(a) `(srcImg, dstImg, 11)` に設定

(b) `(srcImg, dstImg, 51)` に設定

図12　メディアン・フィルタの効果

(a) `(srcImg, dstImg, 11, 40, 200)` に設定

(b) `(srcImg, dstImg, 51, 90, 40)` に設定

図13　バイラテラル・フィルタの効果

▶バイラテラル・フィルタ

```
cv::bilateralFilter(入力画像, 出力画像, 各ピクセル近傍領
                    域の直径, 色空間におけるシグマ・フィル
                    タ, 座標空間におけるシグマ・フィルタ)
```

エッジを鮮明に保ちながら，ノイズを抑えることができます(**図13**).

1-5　円の検出

フォルダ名：**05circle**
リンク・ファイル：opencv_core, opencv_highgui, opencv_imgproc, opencv_imgcodecs

円，楕円，四角の中から，円だけにマーカを表示する方法について紹介します(**図14**). 円形状の道路標識を認識させるなどの応用があります(**図15**).

画像中の円を検出を行うのはハフ変換と呼ばれる処理です．グレー・スケール変換などの画像処理は，関数を使うだけで結果が得られました．しかし円の検出をはじめとする高度な処理を行おうとすると，前処理が必要になります．

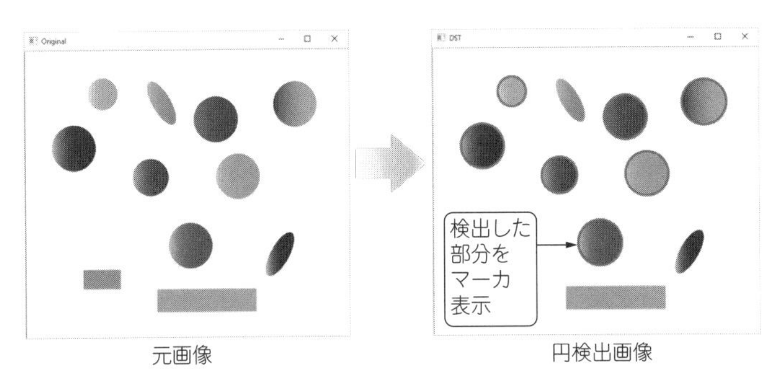

図14　円の検出

図15
円検出の応用…道路標識を検出してマーカで表示する

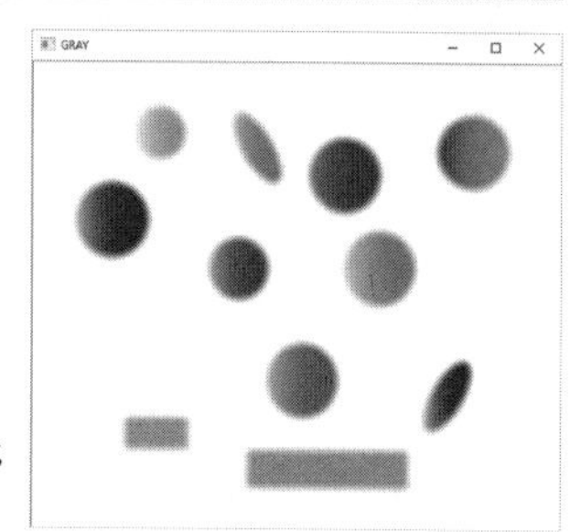

図16　円検出の前処理…グレー・スケール化してぼかし処理を行う

前処理では，カラー画像をグレー・スケール化し，ノイズ除去のためにぼかし処理をします(**図16**)．後は，`HoughCircles()`を使用して円形状を検知するだけです．検知情報は中心座標と半径の情報を受け取ります．受け取った座標データを基に円を描画します．

● プログラム

円を検出するプログラムを**リスト5**に示します．

▶円を検出する

```
cv::HoughCircles(入力画像，円の出力データ
        (3要素の浮動小数点)，cv::HOUGH_GRADIENT(固定)，
         画像分解能に対する出力解像度の比率の逆数，検出される
         円の中心同士の最小距離，しきい値1，しきい値2，
```

リスト5　円を検出するプログラム(05circle.cpp)

```
000: #include <iostream>
001: #include <opencv2/opencv.hpp>
002:
003:
004: int main()
005: {
006:     cv::Mat srcImg = cv::imread("../images/Circle.jpg");;
007:     cv::Mat dstImg = srcImg.clone();
008:     cv::Mat grayImg;
009:
010:     cv::cvtColor(srcImg, grayImg, cv::COLOR_BGR2GRAY);
011:     cv::GaussianBlur(grayImg, grayImg, cv::Size(5, 5),
                                                     10,10);
012:
013:     std::vector<cv::Vec3f> circles;
014:
015:     cv::HoughCircles(grayImg, circles,
                  cv::HOUGH_GRADIENT, 1, 50, 70, 30, 20, 40);
016:     for (std::vector<cv::Vec3f>::iterator ite =
              circles.begin(); ite != circles.end(); ite++) {
017:         cv::Point center(cv::saturate_cast<int>
               ((*ite)[0]), cv::saturate_cast<int> ((*ite)[1]));
018:         int radius(cv::saturate_cast<int> ((*ite)[2]));
019:         cv::circle(dstImg, center, radius,
                      cv::Scalar(255, 0, 255), 2, cv::LINE_AA);
020:     }
021:
022:     cv::namedWindow("Original");
023:     cv::namedWindow("DST");
024:     cv::namedWindow("GRAY");
025:     cv::imshow("Original", srcImg);      ← 結果の表示
026:     cv::imshow("DST", dstImg);
027:     cv::imshow("GRAY", grayImg);
028:     cv::waitKey(0);
029:
030:     return 0;
031: }
```

最小円半径，最大円半径)

第4引き数の「画像分解能に対する出力解像度の比率の逆数」には，1または2を指定します．

第5引き数の「検出される円の中心同士の最小距離」は，小さすぎると正しいものに加えて，複数の近隣の円が誤って検出される可能性があります．大きすぎると，幾つかの円が見逃されることがあります．

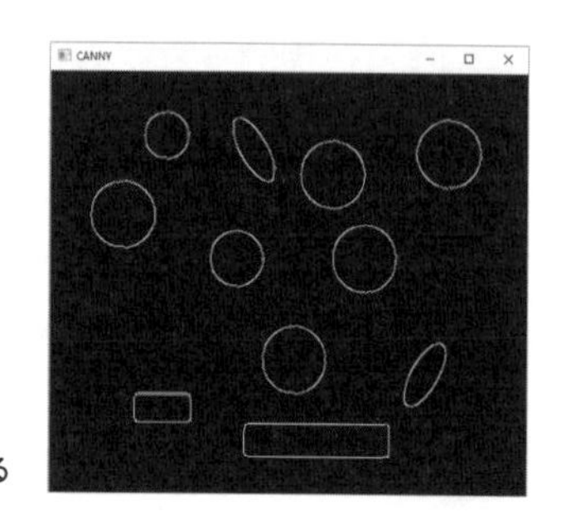

図17　エッジを強調するために2値化する

一般に円検出では，エッジを強調するために2値化してから処理を行います（**図17**）．

しかし，`HoughCircles()`では、グレー・スケールを入力画像としています．これは，`HoughCircles()`関数が内部処理で2値化を行って円検出を行っているためです．このため前処理として2値化を行う必要がありません．第6引き数の「しきい値1」と第7引き数の「しきい値2」は，この内部処理に関するパラメータです．

第6引き数の「しきい値1」は，Cannyエッジ検出器の大きい方のしきい値です．勾配がこのパラメータを超えている場合はエッジとして判定します．

第7引き数の「しきい値2」は，Cannyエッジ検出器の小さい方のしきい値です．勾配がこのパラメータを下回っている場合は非エッジとして判定します．

1-6　楕円フィッティング

フォルダ名：06ellipse
リンク・ファイル：opencv_core, opencv_highgui, opencv_imgproc, opencv_imgcodecs

エッジ画像に対して楕円領域を検出する楕円フィッティングを紹介します(**図18**). 円検出のように形状検出ではないため, 円も四角も楕円にフィッティングされます. 検出方法は3段階の手順が必要です.

①元画像を2値化する
②`findContours()`を使用して2値化画像から輪郭を検索する
③`fitEllipse()`を使用して楕円領域を検出する

元画像を2値化した画像を**図19**に示します. グラデーションのかかった円のため, 2値化画像では円の一部が欠けた形になっています. このエッジの領域に応じて楕円フィッティングされるため, **図18**のような検出画像になります.

図18では, 幾何学模様を処理しているため, 比較的分かりやすい結果が得られています. しかし, 自然画を使用するとフィッティング・エリアが意味不明な感じになります(**図20**).

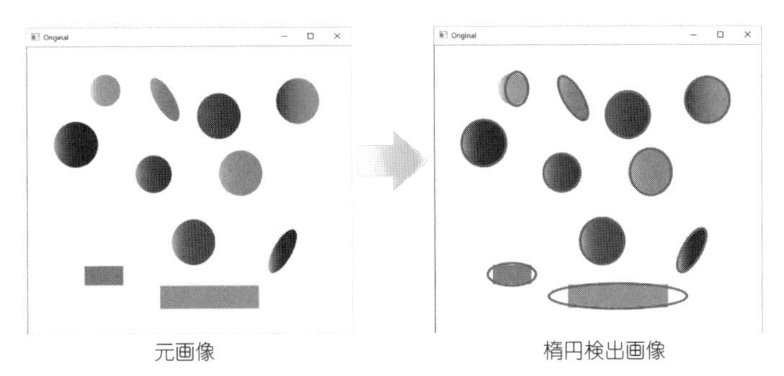

図18　楕円フィッティング

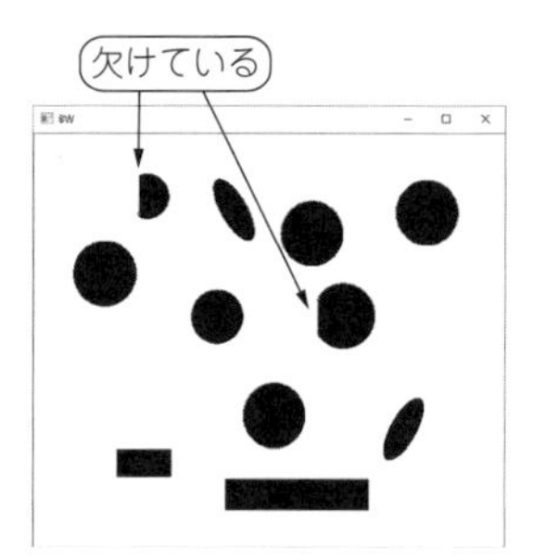

図19　楕円検出の前処理…元画像の2値化

図20　風景写真では分かりにくい結果が得られる

● プログラム

findContours()(リスト6)で画像内の輪郭座標を検索します．この座標は点のベクトル座標としてcontoursに格納されます．図18の画像では5000以上の座標データを受け取ることになります．

ellipse()で楕円の描画を行います．楕円の描画には，中心座標，高さと横幅，角度の情報が必要です(図9参照)．またfitEllipse()を使用して楕円領域の座標を取得します．

```
if (count < 100 || count > 1000) continue;
```

の部分はcontours[].size()を取得して楕円の大きさを制限しています．実際に使用する場合も，この大きさ制限は非常に役立ちます．

▶輪郭検出

```
cv::findContours(入力画像, 輪郭データ出力,
                 輪郭検出方法, 輪郭の近似手法)
```

第3引き数の輪郭検出方法には，以下を使用できます．

- RETR_EXTERNAL：最も外側の輪郭を検出する
- RETR_LIST：全ての輪郭を抽出する
- RETR_CCOMP：全ての輪郭を抽出し，2階層構造として保持する

リスト6　楕円フィッティングのプログラム(06ellipse.cpp)

```
000: #include <iostream>
001: #include <opencv2/opencv.hpp>
002:
003: int main()
004: {
005:
006:     cv::Mat srcImg = cv::imread("../images/Circle.jpg");;
007:     cv::Mat dstImg = srcImg.clone();
008:     cv::Mat grayImg;
009:
010:     std::vector<std::vector<cv::Point> > contours;
011:     cv::cvtColor(srcImg, grayImg, cv::COLOR_BGR2GRAY);
012:     cv::threshold(grayImg, grayImg, 0, 255,
                          cv::THRESH_BINARY | cv::THRESH_OTSU);
013:     cv::findContours(grayImg, contours,
                         cv::RETR_LIST, cv::CHAIN_APPROX_NONE);
014:
015:     for (std::vector<std::vector<cv::Point>
                  >::iterator ite = contours.begin(); ite !=
                                 contours.end (); ite++) {
016:         size_t count = (*ite).size();
017:         if (count < 100 || count > 1000) continue;
018:         cv::Mat pointsf;
019:         cv::Mat(*ite).convertTo(pointsf, CV_32F);
020:         cv::RotatedRect box = cv::fitEllipse(pointsf);
021:         cv::ellipse(srcImg, box, cv::Scalar(255, 0,
                                    255), 2, cv::LINE_AA);
022:     }
023:
024:     cv::namedWindow("Original");
025:     cv::namedWindow("DST");
026:     cv::imshow("Original", srcImg);
027:     cv::imshow("DST", dstImg);
028:     cv::waitKey(0);
029:
030:     return 0;
031: }
```

第4引き数の輪郭の近似手法には以下を使用できます.

- CHAIN_APPROX_NONE：全ての輪郭点を格納する
- CHAIN_APPROX_SIMPLE：水平，垂直，斜めの部分を圧縮し，端点のみを残す．例えば，まっすぐな矩形輪郭は，4つの点にエンコードされる
- CHAIN_APPROX_TC89_L1，CHAIN_APPROX_TC89_KCOS：Teh-Chinチェーン近似アルゴリズムの1つを適用する

(a) フィッティング用２値画像

(b) CHAIN_APPROX_NONE

(c) CHAIN_APPROX_SIMPLE

(d) CHAIN_APPROX_TC89_L1

(e) CHAIN_APPROX_TC89_KCOS

(f) 範囲拡(CHAIN_APPROX_NONE)

図21　輪郭の近似手法による結果の違い

輪郭の近似手法による結果の違いを**図21**に示します．また，CHAIN_APPROX_NONEのサイズの範囲をcount<10||count>2000と書き換えた場合を併せて示しています[**図21**(f)]．

検出サイズの大きさを制限している関係で，全ての楕円を描画していませんが，CHAIN_APPROX_NONEとCHAIN_APPROX_SIMPLEは違いが確認できます[**図21**(b)と(c)]．

ここでは違いが分かるように風景写真を使用していますが実際

にこのような画像での使い所はほとんどありません．

▶楕円にフィッティング

```
cv::fitEllipse(2次元の点の集合)
```

2次元の点集合に最もフィットする楕円座標を計算します．引き数の2次元の点集合は，`Mat`に格納された2次元の点集合になります．

1-7　色によるマスク処理

フォルダ名：**07HSVmask**
リンク・ファイル：opencv_core，opencv_highgui，opencv_imgproc，opencv_imgcodecs

ここではHSVカラー・モデルを使用して目的の図形を抽出する方法を紹介します．赤色成分だけを抜き出して，その他をマスク処理した例を**図22**に示します．

フル・カラー画像では，RGB（OpenCVではBGR）で色を表現するカラー・モデルがよく用いられています．HSVは，色相（Hue），彩度（Saturation），明度（Value）で表現したカラー・モデルです（**図23**）．

RGBモデルでは，通常，R，G，Bの各色を0～255で表現しています．HSVモデルでは，Hを0.0～360.0で変化し，色環に

元画像

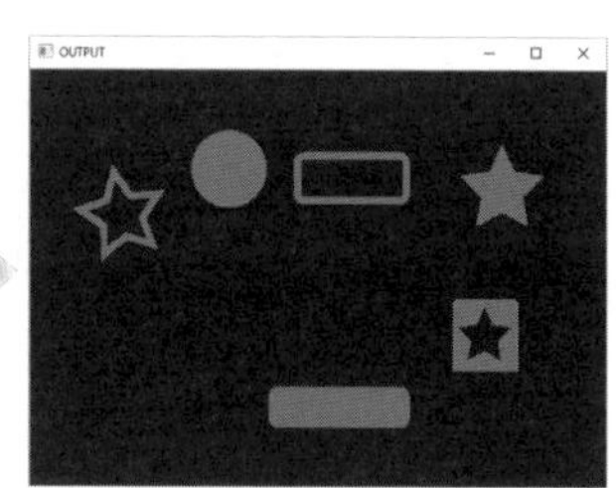

赤色抽出した画像（マスク処理）

図22　HSVを使ったマスク処理

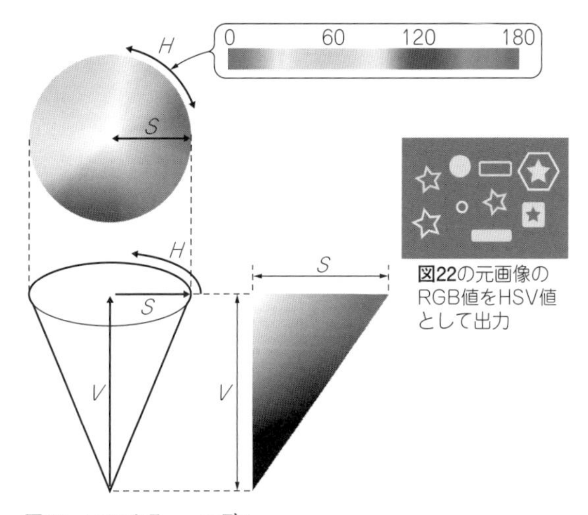

図22の元画像のRGB値をHSV値として出力

図23　HSVカラー・モデル
カラー画像を下記URLで確認できます．
https://interface.cqpub.co.jp/rpicamera01/

沿った角度で表現し，赤［0］から始まり360°回転して元の赤［0］に戻ります．SとVは，0.0～1.0の範囲で表現します．

ただし，この数値は使用するグラフィックス・ソフトウェアによって表現が異なります．OpenCVでは，Hを0～180で，SとVは0～255の値で表現します．プログラムの作成時には注意してください．

例えば赤をOpenCVのBGRモデルで表現した場合，(0，0，255)となります．OpenCVのHSVモデルで表現した場合は(0，255，255)となります．白はHSVモデルで(0，0，255)となります．このHSVの値をそのまま画面表示させると，白の部分が赤く表現されます．その他の色は原色なので，(x，255，255)となり，濃度の違う黄色で表現されます．

マスク処理では，色相を利用した方が，色範囲が指定しやすくなります．

リスト7　HSVを使ったマスク処理プログラム（07HSVmask.cpp）

```
000: #include <iostream>
001: #include <opencv2/opencv.hpp>
002:
003: int main()
004: {
005:
006:     cv::Mat srcImg = cv::imread("../images/hsvsample.jpg");
007:     cv::Mat hsvImg, output, dstImg, mask;
008:
009:     cv::GaussianBlur(srcImg, dstImg, cv::Size(5, 5),
                                                      10, 10);
010:     cv::cvtColor(srcImg, hsvImg, cv::COLOR_BGR2HSV);
011:
012:     cv::Scalar lower = cv::Scalar(0, 100, 100);
013:     cv::Scalar uppwer = cv::Scalar(20, 255, 255);
014:
015:     cv::inRange(hsvImg, lower, uppwer, mask);
016:     srcImg.copyTo(output, mask);
017:
018:     cv::namedWindow("Original");
019:     cv::namedWindow("DST");
020:     cv::namedWindow("OUTPUT");
021:     cv::imshow("Original", srcImg);
022:     cv::imshow("DST", dstImg);
023:     cv::imshow("OUTPUT", output);
024:     cv::waitKey(0);
025:
026:     return 0;
027: }
```

● プログラム

HSVを使ったマスク処理のプログラムを**リスト7**に示します．

`cvtColor()`関数は，グレー・スケールに変換する場合に使用したものです（**リスト1**参照）．この関数は色空間を変換する関数なので，HSV色空間への変換にも使用できます．

`inRange()`関数は，色範囲を指定しています．**リスト7**では，Hを0～20の範囲で指定していますので，赤っぽい色を範囲指定したことになります．結果として，**図24**のように赤の要素を切り取った画像を取得します．

緑の要素を取り出したい場合はHを60付近，青の要素を取り出したい場合はHを120付近で指定します．

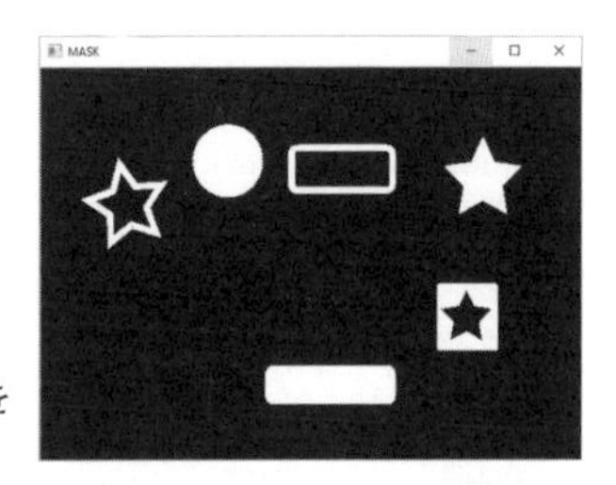

図24　**inRange()** 関数により赤の要素を切り取る

（a）元画像

（b）マスク処理…空の抽出

（c）指定色（空）以外の部分を表示

図25　マスク処理の応用…空以外の分の抽出

copyTo() 関数で，マスク処理された画像と，元画像を合成しています．この処理によって図22のように，赤い部分だけを抽出した画像になります．

▶マスク処理

cv::inRange（入力画像，下限境界，上限境界，出力（マスク）画像）

風景画像では，第2引き数の下限境界をcv::Scalar(90, 100, 100)，上限境界をcv::Scalar(150, 255, 255)とすることで空を抜き出すことができます．

マスク画像をビット反転させると，指定色以外の場所を表示できるようになります(**図25**)．

▶画像合成

```
元画像.copyTo(合成用画像, マスク画像)
```

元画像からマスク画像で白抜きされた部分を抜き出し，合成用画像に合成します．この処理を利用して，テレビなどで使用されるクロマキー合成画像を作ることができます．

1-8　いろいろなマスク処理

フォルダ名：08HSVmask,09HSVmask,10HSVmask
リンク・ファイル：opencv_core, opencv_highgui, opencv_imgproc, opencv_imgcodecs

● 白背景のマスクを使った画像合成

ここでは白い背景の合成画像からマスク画像を作成し，合成された画像を作成する方法を紹介します（**図26**）．

▶仕組み

合成画像の背景がカラーの場合は，HSVカラー・モデルを使用した方が指定しやすくなります．しかし，背景が白や黒の場合は，グレー・スケールから2値化してマスク処理する方が簡単です．HSVでは色相環には白黒がなく，彩度，明度も合わせて白黒範囲を指定することになるためです．

図26　いろいろなマスク処理1…白背景のマスクを使った画像合成

▶プログラム

白背景の合成画像のマスク処理プログラムを**リスト8**に示します．クロマキー合成は，copyTo()関数を使い，用意した背景画像に合わせているだけです．

● 直接描画したマスク画像を使った画像合成

ここでは直接作成したマスク画像を使って，合成画像を作成する方法を紹介します(**図27**)．

▶仕組み

マスク画像は，合成用画像から色を抜き出して，2値化することで作成する以外に，グラフィックス・ソフトウェアやプログラ

リスト8　白背景のマスク処理プログラム(08HSVmask.cpp)

```
000: #include <iostream>
001: #include <opencv2/opencv.hpp>
002:
003: int main()
004: {
005:
006:     cv::Mat hsvImg, maskImg, baseImg;
007:
008:     //cv::Mat inputImg = cv::imread("背景画像jpg");
009:     cv::Mat inputImg = cv::imread
                              ("../images/IMG_1152.jpg");
010:
011:     //cv::Mat srcImg = cv::imread("合成画像.jpg");
012:     cv::Mat srcImg = cv::imread("../images/IMG_1145.jpg");
013:
014:     baseImg = srcImg.clone();
015:     cv::cvtColor(inputImg, hsvImg, cv::COLOR_BGR2GRAY);
016:
017:     cv::threshold(hsvImg, maskImg, 128, 255,
                                  cv::THRESH_BINARY_INV);
018:     inputImg.copyTo(baseImg, maskImg);
019:
020:     cv::imshow("SRC", srcImg);
021:     cv::imshow("INPUT", inputImg);
022:     cv::imshow("MASK", maskImg);
023:     cv::imshow("COMPOSITE", baseImg);
024:     cv::waitKey(0);
025:
026:     return 0;
027: }
```

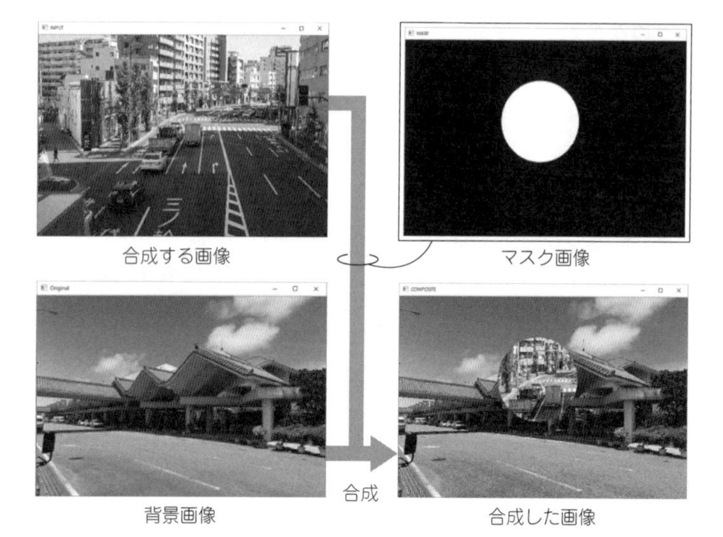

図27　いろいろなマスク処理2…直接描画したマスク画像を使った画像合成

ムを使って白黒画像を直接描画することでも作成できます．

▶プログラム

マスク画像を作成するプログラムを**リスト9**に，直接作成したマスクを使って2つの画像を合成するプログラムを**リスト10**に示します．

マスク位置を移動させていくと，のぞき窓のような効果として使うことができます．

リスト9　マスク画像を作成するプログラム（09HSVmask.cpp）

```
000: #include <iostream>
001: #include <opencv2/opencv.hpp>
002:
003: int main()
004: {
005:
006:     //cv::Mat inputImg = cv::imread("背景画像jpg");
007:     cv::Mat inputImg = cv::imread
                                    ("../images/IMG_0262.jpg");
008:
009:     //cv::Mat srcImg = cv::imread("合成画像.jpg");
010:     cv::Mat srcImg = cv::imread("../images/IMG_1145.jpg");
011:
012:     cv::Mat maskImg = cv::Mat::zeros(srcImg.rows,
                                          srcImg.cols, CV_8U);
013:     cv::circle(maskImg, cv::Size(350, 200), 100,
                                        255, -1, cv::LINE_AA);
014:     cv::Mat srcClone = srcImg.clone();
015:     inputImg.copyTo(srcClone, maskImg);
016:
017:     cv::imshow("SRC", srcImg);
018:     cv::imshow("INPUT", inputImg);
019:     cv::imshow("MASK", maskImg);
020:     cv::imshow("COMPOSITE", srcClone);
021:     cv::waitKey(0);
022:
023:     return 0;
024: }
```

リスト10　直接作成したマスクを使って2つの画像を合成するプログラム（10HSVmask.cpp）

```
000: #include <iostream>
001: #include <opencv2/opencv.hpp>
002:
003: static cv::Mat maskImg, srcClone;
004:
005: //cv::Mat inputImg = cv::imread("背景画像 jpg");
006: static cv::Mat inputImg = cv::imread
                                  ("../images/IMG_0262.jpg");
007:
008: //cv::Mat srcImg = cv::imread("合成画像 .jpg");
009: static cv::Mat srcImg = cv::imread
                                  ("../images/IMG_1145.jpg");
010:
011: const std::string windowName = "COMPOSITE";
012: void thresh_callback(int, void*);
013:
014: int main() {
015:
016:     int thresh = srcImg.cols / 2;
017:     cv::namedWindow(windowName);
018:     cv::createTrackbar("PointX:", windowName,
                     &thresh, srcImg.cols, thresh_callback);
019:     thresh_callback(thresh, 0);
020:     cv::waitKey(0);
021:
022:     return 0;
023: }
024:
025: void thresh_callback(int pos, void*) {
026:     maskImg = cv::Mat::zeros(srcImg.rows,
                                        srcImg.cols, CV_8U);
027:     cv::circle(maskImg, cv::Size(pos, srcImg.rows / 2),
                                100, 255, -1, cv::LINE_AA);
028:     srcClone = srcImg.clone();
029:     inputImg.copyTo(srcClone, maskImg);
030:     cv::imshow(windowName, srcClone);
031: }
```

1-9　明るさヒストグラム

フォルダ名：11histogram
リンク・ファイル：opencv_core, opencv_highgui, opencv_imgproc, opencv_imgcodecs

ここでは各色を対象としたヒストグラムの生成方法を紹介します(**図28**). 写真や動画のヒストグラムを確認するのであれば, 通常はグレー・スケールのグラフで十分です.

● 仕組み

ヒストグラムは, 統計に使われる度数分布を示すグラフです. デジカメなどで撮影写真の確認でも使われています(**写真1**). グラフが左右両端に偏っていればコントラストが強すぎる写真, 中央に偏りすぎていればコントラストが弱すぎる写真となります. また, 左に寄りすぎていれば, 露出アンダ写真として全体的に暗い写真に, 右に寄りすぎていれば, 露出オーバとして明るすぎる写真になります.

図28　ヒストグラム生成

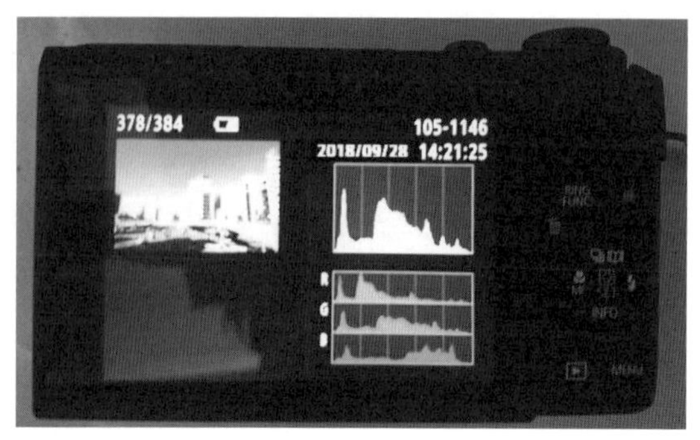

写真1　デジカメのヒストグラム表示

図28では静止画像を使ってヒストグラムを生成していますが，動画像で処理を行えばリアルタイムにヒストグラムの変化が確認できます．色別ヒストグラムは，フル・カラー画像を色チャネルごとに色分解した画像(**図29**)を使って生成しています．

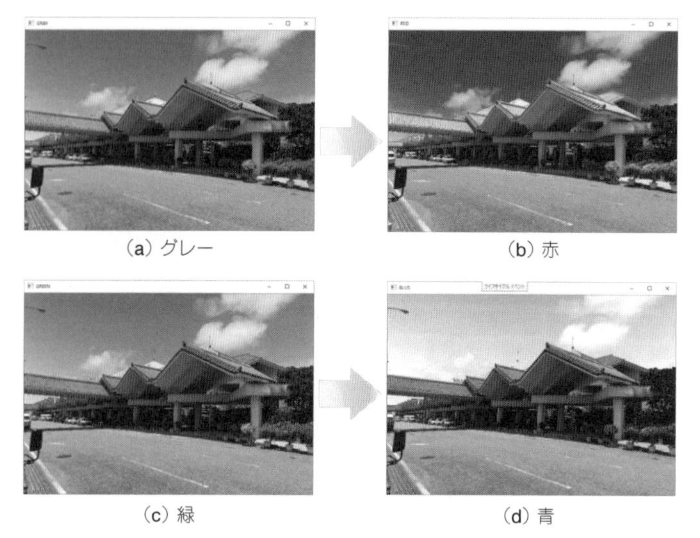

(a) グレー　(b) 赤　(c) 緑　(d) 青

図29　フル・カラー画像を色チャネルごとに色分解

● プログラム

ヒストグラム生成プログラムを**リスト11**に示します.

▶BGR各色に分解する

```
split(入力画像, 出力分解画像)
```

split()関数では，B，G，R各色に分解して色要素を取り出します．分解された各チャネルはグレー・スケールで表現されます．各色のウエイトが濃さで確認できます．

出力分解画像は，B，G，Rの3チャネルに分けられます．そのためMatの変数を宣言する場合は，

```
cv::Mat channelsImg[3]
```

のように配列で宣言する必要があります．

▶同じ明るさの画素を整理する

```
calcHist(入力画像, 入力配列の個数，チャネル，マスク，出力ヒ
         ストグラム，ヒストグラムの次元数，ヒストグラム・サ
         イズ, 範囲)
```

calcHist()関数では，ヒストグラムの計算をして，同じ明るさの画素を整理します．結果はMatに出力されますが，imshow()で表示しても画像としては認識できません．

第2引き数の入力配列の個数は1，第3引き数のチャネルは0，第6引き数のヒストグラムの次元数は1で固定で指定します．

第4引き数でマスクを指定できます．マスク画像を使用することで，ヒストグラムの計算範囲を設定できます．通常は使用しないためMat()とします．

▶スケールの正規化

```
normalize(入力配列，出力配列，正規化範囲の下限，正規化範囲
          の上限，正規化の種類)
```

normalize()関数は，グラフを表示する場合に，表示が指定サイズ内に収まるように調整します．ヒストグラムの最大値を取り出し，スケーリングを行います．

リスト11　ヒストグラム生成プログラム（11histogram.cpp）

```
000: #include <iostream>
001: #include <opencv2/opencv.hpp>
002:
003: int main()
004: {
005:
006:     cv::Mat srcImg = cv::imread
                                ("../images/IMG_0567s.jpg");
007:     cv::Mat grayImg, histImage, bHistBase,
                          gHistBase, rHistBase, grHistBase;
008:     cv::Mat channelsImg[3];
009:     int histSize[] = { 256 };
010:     float ranges[] = { 0, 256 };
011:     const float* histRanges[] = { ranges };
012:     double alpha = 0.5;
013:     cv::Mat overlay, output;
014:
015:     // 表示エリア
016:     srcImg.copyTo(overlay);
017:     cv::rectangle(overlay, cv::Rect(5, 5, 270, 235),
                              cv::Scalar(192, 192, 192), -1);
018:     cv::addWeighted(overlay, alpha, srcImg, 1 -
                                          alpha, 0, output);
019:     cv::split(srcImg, channelsImg);
020:     cv::cvtColor(srcImg, grayImg, cv::COLOR_BGR2GRAY);
021:
022:     // シングルチャンネルのヒストグラム計算
023:     cv::calcHist(&channelsImg[0], 1, 0, cv::Mat(),
                       bHistBase, 1, histSize, histRanges);
024:     cv::calcHist(&channelsImg[1], 1, 0, cv::Mat(),
                       gHistBase, 1, histSize, histRanges);
025:     cv::calcHist(&channelsImg[2], 1, 0, cv::Mat(),
                       rHistBase, 1, histSize, histRanges);
026:     cv::calcHist(&grayImg, 1, 0, cv::Mat(),
                      grHistBase, 1, histSize, histRanges);
027:
028:     // 最大値45で正規化してピーク値をそろえる
029:     cv::normalize(bHistBase, bHistBase, 0, 45,
           cv::NORM_MINMAX); cv::normalize(gHistBase,
                        gHistBase, 0, 45, cv::NORM_MINMAX);
030:     cv::normalize(rHistBase, rHistBase, 0, 45,
                                         cv::NORM_MINMAX);
031:     cv::normalize(grHistBase, grHistBase, 0, 45,
                                         cv::NORM_MINMAX);
032:
033:     histImage = cv::Mat(cv::Size(280, 320), CV_8UC3,
                                    cv::Scalar::all(255));
033:     histImage = cv::Mat(cv::Size(280, 320), CV_8UC3,
                                    cv::Scalar::all(255));
034:     for (int i = 0; i < 256; i++) {
```

```
035:         cv::line(output, cv::Point(10 + i, 50), cv::Point
                    (10 + i, 50 - bHistBase.at<float>(i)),
                                   cv::Scalar(255, 0, 0), 1);
036:         cv::line(output, cv::Point(10 + i, 110), cv::Point
                   (10 + i, 110 - gHistBase.at<float>(i)),
                                   cv::Scalar(0, 255, 0), 1);
037:         cv::line(output, cv::Point(10 + i, 170), cv::Point
                   (10 + i, 170 - rHistBase.at<float>(i)),
                                   cv::Scalar(0, 0, 255), 1);
038:         cv::line(output, cv::Point(10 + i, 230),cv::Point
               (10 + i, 230 - grHistBase.  at<float>(i)),
                               cv::Scalar(128, 128, 128), 1);
039:     }
040:     cv::imshow("SRC", srcImg);
041:     cv::imshow("OUTPUT", output);
042:     cv::waitKey(0);
043:
044:     return 0;
045: }
```

第1引き数の入力配列には，`calcHist()`で取得した出力ヒストグラムの変数を指定します．

第2引き数の出力配列は，入力配列を上書きしても問題ありません．

第4引き数の正規化範囲の上限は，表示したい出力エリアのサイズに合わせて設定します．

第5引き数の正規化の種類は，**リスト11**のプログラムでは`NORM_MINMAX`のみ使用可能です．

グラフ描画には`line()`関数を使います．

1-10　特徴点検出

フォルダ名：12featuredetector
リンク・ファイル：opencv_core, opencv_highgui, opencv_imgproc, opencv_imgcodecs, opencv_features2d

● 仕組み

ここでは，検出器を使った特徴点検出の方法を紹介します(**図30**).

画像処理における特徴点とは，色の変化，明暗，エッジ，直線曲線の先端と終端など，何らかの変化で際立って検出できる点のことを言います.

これらをキーとした特徴点抽出を実装しようとすると，高度な数学理論を駆使しなければなりません．しかし，OpenCVでは検出器という機能で実装できます.

OpenCVがサポートしている検出器は以下の通りです.

- 基本モジュール：AgastFeatureDetector, GFTT Detector, FAST, MSER, BRISK, ORB, KAZE
- 拡張モジュール：StarDetector, MSDDetector, LATCH, LUCID, BriefDescriptorExtractor, DAISY, FREAK, SIFT, SURF

今回は，検出器として代表的なSURFとSIFTを取り上げます(**図31**)．ただしこれらは特許技術が用いられているため，使用

(a) 元画像

(b) 特徴点抽出画像

図30　検出器を使った特徴点検出

カラー画像を下記URLで確認できます.
https://interface.cqpub.co.jp/rpicamera01/

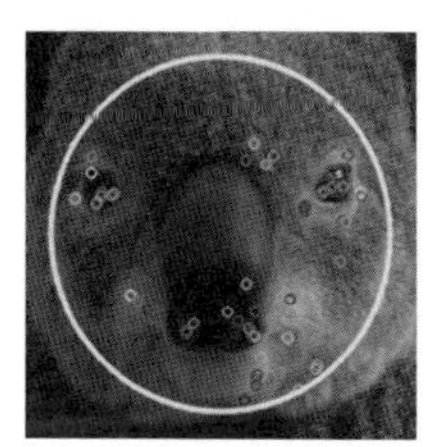
(a) AKAZE
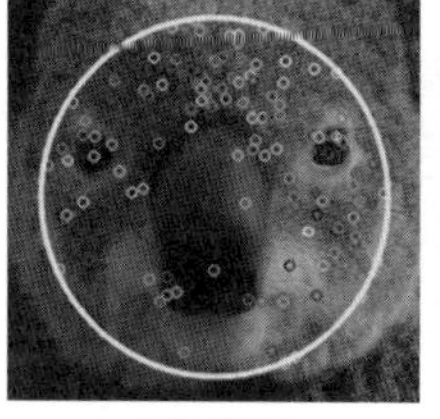
(b) SIFT
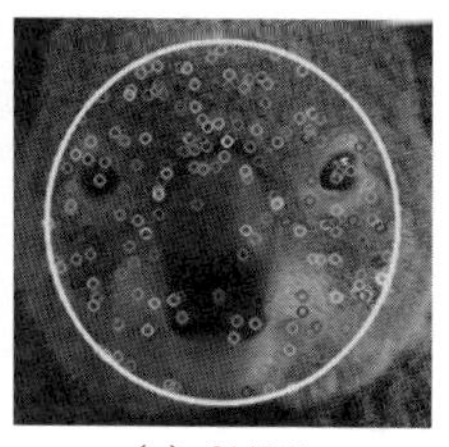
(c) SURF

図31　代表的な検出器による検出結果

の際には注意が必要です．そこで，特許技術が使われていないAKAZEも紹介します．

図31の例では，AKAZEが検出数が少なく見えます．検出対象の画像の特徴によって結果が異なりますので，どの検出方法が最善の結果が得られるかについての明確な答えはないようです．状況によってうまく使い分ける必要があります．

● プログラム

特徴点検出のプログラムを**リスト12**に示します．

使用可能な特徴点検出器は，基本モジュールと拡張モジュールに分けて用意されています．

基本モジュール内のものはフリーで使用できますが，拡張モジュールにあるものは特許権が発生しているものがあります．

基本モジュールは，以下のように使用します．

```
cv::検出器の名前::create();
```

拡張モジュールは，以下のように使用します．

```
cv::xfeatures2d:: 検出器の名前::create();
```

▶特徴点検出データの保存場所

```
KeyPoint
```

SIFT検出器で検出された座標データ[(x, y),サイズ，角度]などが格納されます．

リスト12　特徴点検出プログラム(12featuredetector.cpp)

```
000: #include <iostream>
001: #include <opencv2/opencv.hpp>
002:
003: int main()
004: {
005:
006:     cv::Mat dstImg, grayImg;
007:     cv::Mat srcImg = cv::imread("../images/IMG_2488s.jpg");
008:
009:     cv::Ptr<cv::AKAZE> akaze = cv::AKAZE::create();
010:     std::vector<cv::KeyPoint> keyPoints;
011:     cv::Mat mask = cv::Mat::zeros(srcImg.rows,
                                     srcImg.cols, CV_8U);
012:     cv::cvtColor(srcImg, grayImg, cv::COLOR_BGR2GRAY);
013:     cv::circle(mask, cv::Size(340, 310), 110, 255,
                                         -1, cv::LINE_AA);
014:
015:     akaze->detect(grayImg, keyPoints, mask);
016:
017:     cv::drawKeypoints(srcImg, keyPoints, dstImg,
                                    cv::Scalar::all(-1));
018:     cv::circle(dstImg, cv::Size(340, 310), 110,
                    cv::Scalar(0, 255, 255), 2, cv::LINE_AA);
019:     cv::imshow("INPUT", srcImg);
020:     cv::imshow("OUTPUT", dstImg);
021:     cv::imshow("MASK", mask);
022:     cv::waitKey(0);
023:
024:     return 0;
025: }
```

▶特徴点検出

`detector->detect(入力画像, keyPoints, マスク画像)`

入力画像から検出したポイントをkeyPointに格納します.

第3引き数のマスク画像は省略可能です. 省略した場合は画面全体からキー・ポイントを検出します.

あらかじめ以下のように検出器を定義しておく必要があります.

```
cv::Ptr<cv::xfeatures2d::SIFT> sift = cv::xfeatures2d::SIFT::create();
```

▶検出特徴点の描画

`drawKeypoints(入力画像, 描画座標データ, 出力画像, 描画色)`

第2引き数の描画座標データは，`KeyPoint`で設定した変数です．第4引き数は，出力画像に描画するマーカです．

`Scalar::all(-1)`とすると，レインボー・カラーで描画します．白色だけで描画したい場合は`Scalar::all(255)`と指定します．

1-11　画像マッチング

ファイル名：**13featuredetector.cpp**
リンク・ファイル：opencv_core，opencv_highgui，opencv_imgproc，opencv_imgcodecs，opencv_features2d

● 仕組み

特徴点を検出した後は，さまざまな用途に使用できます．代表的な例としては画像マッチングがあります（**図32**）．

2枚の写真に対して，検出された特徴点の一致したポイントを比較した例を**図32**に示します．検出器にはAKAZEを使用しています．**図32**（a）は特徴点が一致しているため，2枚が同じであることがデータから確認できます．

図32（b）と**図32**（c）は同じ写真を使用していますが，片方が90°回転または縮小されています．このため一致する特徴点がほとんど見つかりません．

このように，精度を高くして比較したい場合は比較するターゲットは，同じ大きさの写真を使用する必要があります．

● プログラム

特徴点検出を用いた画像マッチングのプログラムを**リスト13**に示します．

このプログラムは，一致する確率を表示します．人物の顔写真を使用して顔認証などを確かめてみてください．

リスト13　特徴点検出を用いた画像マッチングのプログラム（13featuredetector.cpp）

```
000: #include <iostream>
001: #include <opencv2/opencv.hpp>
002:
003: int main()
004: {
005:
006:     cv::Mat srcImg1 = cv::imrea("../images/IMG_2488s.jpg");
007:     cv::Mat srcImg2 = cv::imrea("../images/IMG_2488s.jpg");
008:     cv::Mat matchImg;
009:     std::vector<cv::KeyPoint> keyPoints1;
010:     std::vector<cv::KeyPoint> keyPoints2;
011:
012:     cv::Ptr<cv::AKAZE> akaze1 = cv::AKAZE::create();
013:     cv::Ptr<cv::AKAZE> akaze2 = cv::AKAZE::create();
014:
015:     cv::Mat descriptors1, descriptors2;
016:
017:     akaze1->detectAndCompute(srcImg1, cv::Mat(),
                                   keyPoints1, descriptors1);
018:     akaze2->detectAndCompute(srcImg2, cv::Mat(),
                                   keyPoints2, descriptors2);
019:
020:     std::vector<cv::DMatch> dMatchs1, dMatchs2, dMatchRate;
021:     cv::BFMatcher matcher(cv::NORM_L2, true);
022:     matcher.match(descriptors1, descriptors2, dMatchs1);
023:     matcher.match(descriptors2, descriptors1, dMatchs2);
024:
025:     // クロスチェック
026:     for (size_t i = 0; i < dMatchs1.size(); i++) {
027:         cv::DMatch forward = dMatchs1[i];
028:         cv::DMatch backward = dMatchs2[i];
029:         if (backward.trainIdx == forward.queryIdx) {
030:             dMatchRate.push_back(forward);
031:         }
032:     }
033:     double rate = 0.0; // 確率表示用
034:
035:     if(dMatchRate.size() > 0 && dMatchs1.size() > 0) {
036:         rate = static_cast<double>(dMatchRate.size()) /
                  static_cast<double>(dMatchs1.size()) * 10000;
037:         rate = floor(rate) / 100;
038:     }
039:     cv::drawMatches(srcImg1, keyPoints1, srcImg2,
                           keyPoints2, dMatchRate, matchImg);
040:
041:     // 一致率表示エリア
042:     double alpha = 0.5;
043:     cv::Mat overlay, output;
044:     matchImg.copyTo(overlay);
045:     cv::rectangle(overlay, cv::Rect(5, 5, 100, 30),
                                   cv::Scalar::all(32), -1);
```

リスト13　特徴点検出を用いた画像マッチングのプログラム（13featuredetector.cpp）（つづき）

```
046:     cv::addWeighted(overlay, alpha, matchImg, 1 -
                                              alpha, 0, output);
047:     std::ostringstream oss;
048:     oss << std::setw(3) << rate << "%";
049:     cv::putText(output, oss.str(), cv::Point(30,25),
           cv::FONT_HERSHEY_SIMPLEX, 0.5,cv::Scalar::all(255),
                                              1, cv::LINE_AA);
050:     cv::imshow("Matching", output);
051:     cv::waitKey(0);
052:
053:     return 0;
054: }
```

（a）同じ画像

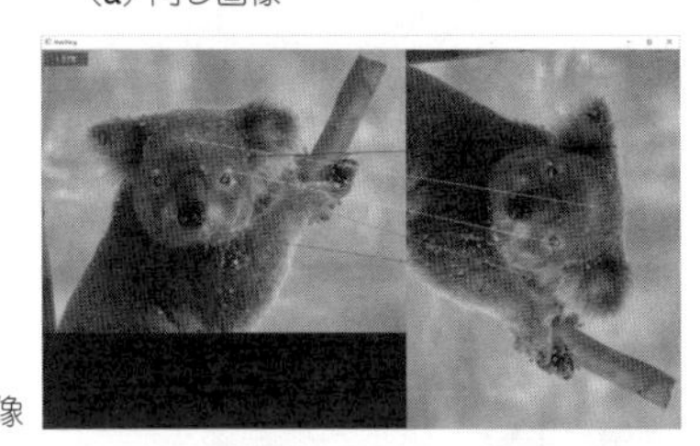

（b）回転させた画像

（c）縮小した画像

図32　比較する際は同じ大きさの画像を使う

1-12　背景差分を使った画像認識

フォルダ名：14backgrounddifference,15backgrounddifference
リンク・ファイル：opencv_core, opencv_highgui, opencv_imgproc, opencv_imgcodecs, opencv_video, opencv_bgsegm（拡張モジュール）

元画像と現在の画像の差分をとることで，変化した部分を見分ける方法を説明します（図33）．画像が消えた部分や色が変化した部分を検出できます．

● 仕組み

背景差分の考えでは，元画像からの変化部分を識別します．消えても変化しても，元画像と違っている点では共通の状態になるため，同じように識別できることになります．

ここでは，背景処理の使用方法を分かりやすくするために，静止画像での処理を紹介します．

実際の応用では，ビデオ・カメラなどからの画像をリアルタイムに処理したいでしょう．背景差分を応用して動画を使って移動している物体をマーキングした例を図34に示します．

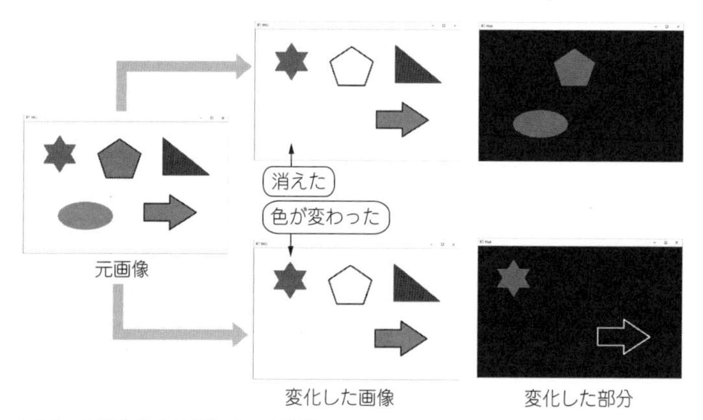

図33　背景差分を使用した画像認識

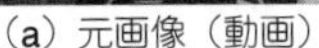

（a）元画像（動画）　（b）差分画像（フレーム間）　（c）移動物体をマーキング

図34　動画の背景差分の例…移動している物体の検出

このように背景差分は，サンプルとなる映像と比較する映像との差分を求める技術ですので，アイデア次第で多くの分野で使用できます．

マーカを表示する場合，差分ポイントが多くなると，動作が遅くなることがあります．リアルタイム処理ではフレーム・レートに影響します．

● プログラム

背景差分を使用した画像認識のプログラムを**リスト14**に示します．

▶背景差分アルゴリズム

```
createBackgroundSubtractorMOG2()
```

背景差分アルゴリズム関数です．アルゴリズムにはMOG2を使用しています．デフォルト・コンストラクタのままで使用可能です．

OpenCVには，他に複数のアルゴリズムが用意されています．OpenCV 4.5.0で使用可能な主なアルゴリズムは以下の通りです．

- **標準モジュール**

  `createBackgroundSubtractorKNN()` `createBackgroundSubtractorMOG2()`

- **拡張モジュール**

  `bgsegm::createBackgroundSubtractorGMG()`

リスト14　背景差分のプログラム(14backgrounddifference.cpp)

```
000: #include <iostream>
001: #include <opencv2/opencv.hpp>
002:
003: int main()
004: {
005:
006:     cv::Mat maskImage;
007:     cv::Mat srcImg1 = cv::imread
                              ("../images/bgsample3.png");
008:     cv::Mat srcImg2 = cv::imread
                              ("../images/bgsample5.png");
009:
010:     cv::Ptr<cv::BackgroundSubtractor> bgsubtractor =
                         cv::createBackgroundSubtractorMOG2();
011:     bgsubtractor->apply(srcImg1, maskImage);
012:     bgsubtractor->apply(srcImg2, maskImage);
013:
014:     cv::imshow("SRC1", srcImg1);
015:     cv::imshow("SRC2", srcImg2);
016:     cv::imshow("Mask", maskImage);
017:     cv::waitKey(0);
018:
019:     return 0;
020: }
```

```
bgsegm::createBackgroundSubtractorCNT()
bgsegm::createBackgroundSubtractorMOG()
bgsegm::createBackgroundSubtractorGSOC ()
```

▶差分画像のサンプリング

`apply(入力画像, 出力画像, パラメータ)`

第3引き数のパラメータはDouble値で0～1の間で学習速度を設定します．－1に設定した場合は自動的に学習率が選択されます．0はバックグラウンドが更新されず，1はバックグラウンドの最後のフレームから完全に再初期化されます．

第3引き数は省略できます．この場合第3引き数には－1が設定されます．

背景差分の結果はマスク画として出力されます．

リスト14では2回使用されていますが，これは，比較する画像を読み込ませているためです．

リスト15　動画を使用した背景差分のプログラム
（15backgrounddifference.cpp）

```
000: #include <iostream>
001: #include <opencv2/opencv.hpp>
002:
003: int main()
004: {
005:
006:     cv::Mat image, maskImage;
007:
008:     cv::VideoCapture cap("../images/MVI_1141.MP4");
009:
010:     cv::Ptr<cv::BackgroundSubtractor> bgsubtractor =
                          cv::createBackgroundSubtractorMOG2();
011:
012:     std::vector<std::vector<cv::Point>> contours;
013:     std::vector<cv::Vec4i> hierarchy;
014:     while (true) {
015:         cap >> image;
016:         bgsubtractor->apply(image, maskImage, true ?
                                                       -1 : 0);
017:         cv::medianBlur(maskImage, maskImage, 11);
018:         cv::threshold(maskImage, maskImage, 32, 255,
                                              cv::THRESH_BINARY);
019:         cv::findContours(maskImage, contours,
                                    hierarchy, cv::RETR_CCOMP,
                                     cv::CHAIN_APPROX_SIMPLE);
020:         for (std::vector<std::vector<cv::Point>>::
                  iterator ite = contours.begin(); ite !=
                                      contours.end(); ite++) {
021:             if (ite->capacity() > 300 &&
                                     ite->capacity() < 1000) {
022:                 cv::drawContours(image, contours, -1,
                          cv::Scalar(0, 0, 255), 2, cv::LINE_AA,
                                                 hierarchy, 1);
023:             }
024:         }
025:         cv::imshow("IMAGE", image);
026:         cv::imshow("MASK", maskImage);
027:         if (cv::waitKey(20) >= 0) break;
028:     }
029:
030:     return 0;
031: }
```

▶動画像の変化箇所の検出

動画を使用した背景差分のプログラムを**リスト15**に示します．マスク画を基にエッジ処理を行ってマーカを表示します．

リスト15の背景差分アルゴリズム部分を書き換えることで，

(a) MOG2

(b) KNN

(c) MOG

(d) GMG

(e) CNT

(f) GSOC

図35 アルゴリズムごとの差分認識結果

異なるアルゴリズムを試すことができます．アルゴリズムごとの差分認識結果を図35に示します．ほとんどの関数はデフォルト・コンストラクタで使用できますが，GMGだけは，

```
createBackgroundSubtractorGMG(20, 0.8)
```

としています．

今回の例では，基本モジュールで使用できるMOG2が使い勝手は良さそうです．実際に使用する場合は，使用環境に合わせて最適と思われるものを決定する必要があります．

1-13 ターゲットを探すカスケード分類器

フォルダ名：16cascade
リンク・ファイル：opencv_core, opencv_highgui, opencv_imgproc, opencv_imgcodecs, opencv_objdetect, opencv_face

カスケード分類器を使用した顔認証を紹介します(**図36**). 写真全体の中から顔と判断された部分を四角で囲います.

● 仕組み

カスケード分類器はxml形式のデータで提供されています. 基本的なものはOpenCVダウンロード時のファイルに同梱(どうこん)されています. **図36**では, `haarcas cade_frontalface_alt2.xml`を使用して顔認証を行っています.

他に顔認識では, 次の分類器ファイルが用意されています.

```
haarcascade_frontalface_alt.xml
haarcascade_profileface.xml
haarcascade_frontalface_default.xml
haarcascade_frontalface_alt_tree.xml
haarcascade_frontalcatface_extended.xml
haarcascade_smile.xml
```

使用する分類器によって, 認識結果は異なります(**図37**). こ

元画像

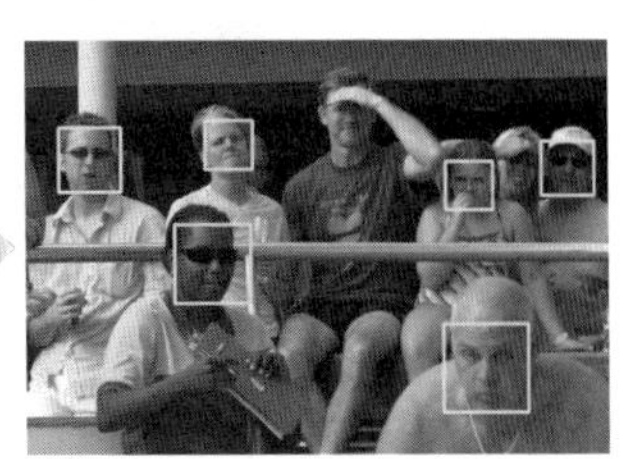
顔認識画像

図36　カスケード分類器を使用した顔認証

れらの分類器は，これを使用すれば最適というものはありません．使用目的に合わせて適切な分類器を選ぶ必要があります．

分類器ファイルは/home/pi/ダウンロード・フォルダ/opencv-4.5.0/data/cascades/にあります．顔認識以外にも目や口のファイルも用意されています．haarcascade_fullbody.xmlを使用して人物認証を実行した例を**図38**に示します．

● プログラム

カスケード分類器による顔認識のプログラムを**リスト16**に示します．顔認証に限定した記述となっています．基本的には分類器ファイルを差し替えるだけで，動作確認程度の精度であれば十分に動きます．

(a) haarcascade_frontalface_alt.xml

(b) haarcascade_profileface.xml

(e) haarcascade_frontalface_default.xml

図37 分類器ごとの顔認識結果

図38　人物を認証対象とした分類器を使った例

リスト16　カスケード分類器による顔認識のプログラム（16cascade.cpp）

```
000: #include <iostream>
001: #include <opencv2/opencv.hpp>
002:
003: int main()
004: {
005:
006:     cv::Mat gray;
007:     cv::Mat image = cv::imrea("../images/IMG_2894.jpg");
008:
009:     cv::cvtColor(image, gray, cv::COLOR_BGR2GRAY);
010:     std::vector<cv::Rect> faces;
011:     std::string cascadeFile = "../haarcascades/
                               haarcascade_frontalface_alt2.xml";
012:
013:     cv::CascadeClassifier cascade;
014:     cascade.load(cascadeFile);
015:     cascade.detectMultiScale(gray, faces, 1.1, 2, 0,
                              cv::Size(5, 5), cv::Size(150, 150));
016:     for (std::vector<cv::Rect>::iterator ite =
                  faces.begin(); ite != faces.end(); ite++) {
017:         cv::rectangle(image, *ite, cv::Scalar(0,
                                                   255, 255), 2);
018:     }
019:
020:     cv::imshow("FACE", image);
021:     cv::waitKey(0);
022:     return 0;
023: }
```

また，カスケード分類器はOpenCVのサンプル・ファイル以外にも，ネット上でダウンロード可能なものがあります．また，独自のカスケード分類器を自作することも可能です．

▶分類器ファイルの読み込み

```
cv::CascadeClassifier cascade
cascade.load(カスケード分類器ファイル)
```

使用する分類器のファイルを指定します．

▶顔認証などの実行

```
cascade.detectMultiScale
        (入力画像(グレー・スケール)，認識された長方形領域，
        画像スケールにおける縮小量，信頼度に関するパラメー
        タ，フラグ，最小オブジェクト・サイズの指定，最大オ
        ブジェクト・サイズの指定)
```

第2引き数の認識された長方形領域には，`std::vector<cv::Rect> faces`で定義された変数`faces`に，四角形の座標とサイズが格納されています．検出結果のマーカとして表示している四角形は，この値を基に描画しています．

第3引き数の画像スケールにおける縮小量は，検出精度に関連する値です．0.1または0.01刻みで調整します．通常は1.1を使用して，下限を1.01，上限を1.7程度で値を前後させて確認します．

第4引き数の信頼度に関するパラメータは，検出精度に関連する値です．1刻みで調整します．通常は3を使用します．値を上げると誤検出は減りますが，検出できない場面も増えます．実際に調整する場合は5刻み程度で確認してください．

第5引き数のフラグは0で固定です．

第6引き数の最小オブジェクト・サイズの指定では，指定されたサイズより小さなサイズは無視されます．

第7引き数の最大オブジェクト・サイズの指定では，指定されたサイズより大きなサイズは無視されます．

1.01　　1.1　　1.5

(a) scaleFactor を変化させた場合 (minNeighbors = 2 で固定)

1　　2　　10

(b) minNeighbors を変化させた場合 (scaleFactor = 1.1 で固定)

図39　パラメータの値による検出結果の変化

第5引き数以降は省略できます．第6引き数と第7引き数を省略した場合は，指定サイズの上限下限は適用されずに検出結果を返します．

第3引き数と第4引き数の値による検出結果の変化を**図39**に示します．値を下げると検知精度が上がる代わりに誤検知が増えます．値を上げると検知精度が下がる代わりに誤検知は少なくなります．

例えば，検知対象が絶対にないことを確認したい場合は，誤検知してでも精度を上げる設定にし，検知対象が確実に存在することを前提にしたい場合は，検知精度を下げる設定となるでしょう．

また，どの分類器ファイルを使うかでも検知精度が大きく違うこともあります．**リスト16**中の，

```
std::string cascadeFile = "haarcascade_
frontalface_alt2.xml";
```

のファイル名部分を書き換えることで，分類器を変更できます．各分類器の検知精度を確認してみてください．

1-14 テンプレート・マッチング

フォルダ名：17templatematching,18templatematching,19templatematching
リンク・ファイル：opencv_core, opencv_highgui, opencv_imgproc, opencv_imgcodecs, opencv_objdetect

ここでは元画像とテンプレート画像とを比較して，類似する箇所を探索する方法を紹介します（**図40**）．

図40では，元画像から切り取った信号機をテンプレートとして使用しています．元画像に対してマッチングすると，マッチング率は99.85％でした．別の場所にある同タイプの信号機の場合は，マッチング率は48.49％になりました．同じタイプの信号機でも約半分の認識率となってしまいます．これは，テンプレート画像とマッチングする画像とで，信号機の大きさが違ったり，撮影時の角度が違ったりすることに起因します．

OpenCVでテンプレート・マッチングする場合は，マッチン

（a）元画像

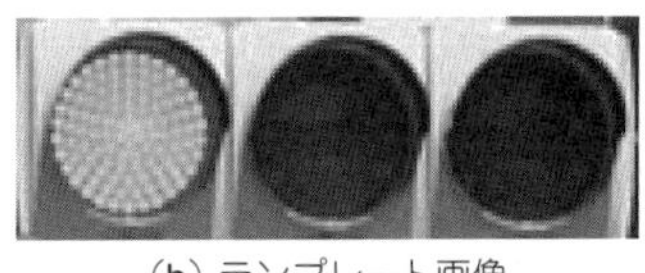

（b）テンプレート画像
（元画像から切り出し）

（c）元画像とマッチング
（マッチング率 99.85）

（d）別画像とマッチング
（マッチング率 48.49）

図40　信号機をテンプレート・マッチング

グしたい対象画像の大きさにテンプレート画像を合わせる必要があります．

このため，実際の使い所としては，プリント基板の検査のように，正しければ全てが同じになる箇所の画像に対して，異常がないかどうかを確認する場合が考えられます(**図41**)．

応用範囲が限定的に思えますが，対象画像から抜き取ったままのテンプレート画像に対しては，非常に正確に検知でき，処理速度も速く，簡単に実装できるというメリットがあります．

● プログラム

テンプレート・マッチングのプログラムを**リスト17**に示します．

最も単純なテンプレート・マッチングです．プログラムを実行する場合は，元画像から切り取ったテンプレート画像を使用してください．別の画像から切り取ったテンプレート画像を使用する場合は，元画像の探索対象と画像の向き，大きさなどを合わせる処理が必要になります．

▶テンプレート・マッチング

```
cv::matchTemplate(対象画像，テンプレート画像，マッチグ
  結果，比較方法);
```

マッチング処理を行う場合は，マッチング結果を受け取るためのMat型の変数が必要です．ここでは`cv::Mat resultImg`と

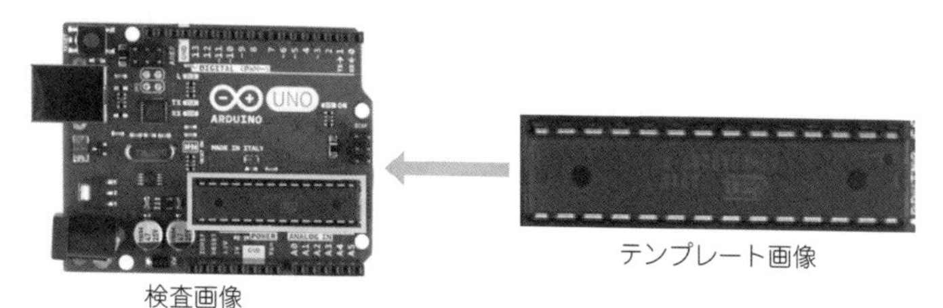

図41　テンプレート・マッチングの応用…プリント基板の外観検査

リスト17　テンプレート・マッチングのプログラム（17templatematching.cpp）

```
000: #include <iostream>
001: #include <opencv2/opencv.hpp>
002:
003: int main()
004: {
005:     cv::Mat srcImg = cv::imread("../images/hyosiki.jpg");
006:     cv::Mat tmpImg = cv::imread
                         ("../images/signal_light2.jpg");
007:     cv::Mat resultImg;
008:
009:     cv::Point maxPt;
010:     double maxVal;
011:
012:     cv::matchTemplate(srcImg, tmpImg, resultImg,
                                    cv::TM_CCOEFF_NORMED);
013:
014:     cv::minMaxLoc(resultImg, nullptr, &maxVal,
                                        nullptr, &maxPt);
015:
016:     cv::Rect roiRect(0, 0, tmpImg.cols, tmpImg.rows);
017:
018:     roiRect.x = maxPt.x;
019:     roiRect.y = maxPt.y;
020:     cv::rectangle(srcImg, roiRect, cv::Scalar(0,
                                         255, 255), 10);
021:
022:     double alpha = 0.5;
023:     cv::Mat overlay, output;
024:     srcImg.copyTo(overlay);
025:     cv::rectangle(overlay, cv::Rect(5, 5, 100, 30),
                                cv::Scalar::all(32), -1);
026:     cv::addWeighted(overlay, alpha, srcImg, 1 -
                                       alpha, 0, output);
027:     double rate = maxVal * 10000;
028:     rate = floor(rate) / 100;
029:
030:     std::ostringstream oss;
031:     oss << std::setw(3) << rate;
032:     cv::putText(output, oss.str(), cv::Point(30, 25),
         cv::FONT_HERSHEY_SIMPLEX, 0.5, cv::Scalar::all(255), 1,
                                             cv::LINE_AA);
033:
034:     cv::imshow("SEARCH", output);
035:     cv::imshow("TMP", tmpImg);
036:     cv::waitKey(0);
037:
038:     return 0;
039: }
```

して使用しています.

第4引き数の比較方法には,以下を設定できます.

- TM_SQDIFF:差の2乗の合計
- TM_SQDIFF_NORMED:差の2乗の合計の正規化
- M_CCORR:乗算したものの合計
- TM_CCORR_NORMED:乗算したものの合計の正規化
- TM_CCOEFF:相関係数
- TM_CCOEFF_NORMED:相関係数の正規化

マッチング領域はminMaxLoc()関数によって得られます. TM_SQDIFFの場合は最小値, TM_CCORR,TM_CCOEFFの場合は最大値を使用します.

▶行列要素の最小値および最大値の値と位置を返す

```
cv::minMaxLoc(マッチング結果, 最小値へのポインタ, 最大値へ
              のポインタ, 最小位置へのポインタ, 最大位置へ
              のポインタ);
```

この関数は, matchTemplate()の受け取りデータ処理として

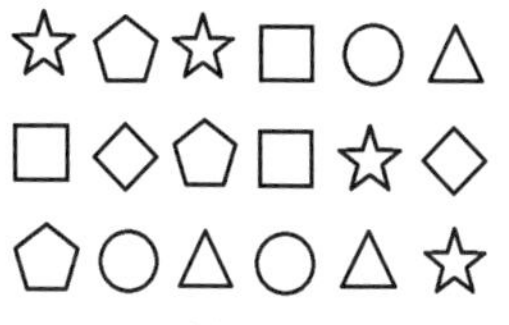

(a) 元画像

(b) テンプレート画像

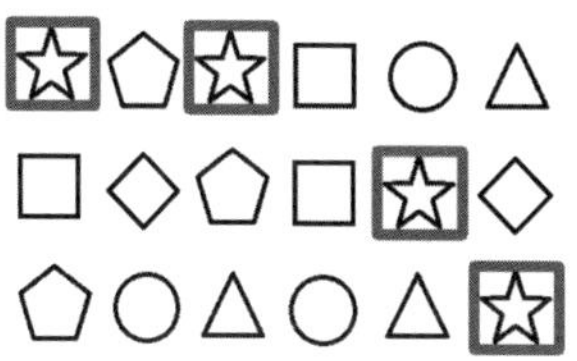

(c) マッチング画像

図42 複数箇所のマッチング

使用します．第2引き数以降の各ポインタは，使用しない場合はNULLか0を設定します．

複数の検索結果を得たい場合は，この関数は使用できません．

▶複数箇所のマッチング

図42のように，複数箇所のマッチングを行う場合は，`minMaxLoc()`は使用できません．`result Img`から，自分で探し出す必要があります．

複数箇所に対応するテンプレート・マッチングのプログラム

リスト18 複数箇所に対応するテンプレート・マッチングのプログラム（18templatematching.cpp）

```
000: #include <iostream>
001: #include <opencv2/opencv.hpp>
002:
003: int main()
004: {
005:
006:     cv::Mat srcImg = cv::imread
                                ("../images/template_base.jpg");
007:     cv::Mat tmpImg = cv::imread
                               ("../images/template_match.jpg");
008:     cv::Mat resultImg;
009:     cv::matchTemplate(srcImg, tmpImg, resultImg,
                                         cv::TM_CCOEFF_NORMED);
010:     std::vector<cv::Point> maxPt;
011:     float threshold = 0.9f;
012:     for (int y = 0; y < resultImg.rows; y++) {
013:         for (int x = 0; x < resultImg.cols; x++) {
014:             if (resultImg.at<float>(y, x) >  threshold) {
015:                 maxPt.push_back(cv::Point(x, y));
016:             }
017:         }
018:     }
019:     for (std::vector<cv::Point>::iterator ite =
                 maxPt.begin(); ite != maxPt.end(); ite++) {
020:         cv::rectangle(srcImg, *ite, cv::Point(ite->x
                    + tmpImg.cols, ite->y + tmpImg.rows),
                            c  v::Scalar(255, 0, 255), 10);
021:     }
022:     cv::imshow("SEARCH", srcImg);
023:     cv::imshow("TMP", tmpImg);
024:     cv::waitKey(0);
025:
026:     return 0;
027: }
```

リスト19　複数のテンプレートを使えるテンプレート・マッチングのプログラム（19templatematching.cpp）

```
000: #include <iostream>
001: #include <opencv2/opencv.hpp>
002:
003: int main()
004: {
005:
006:     cv::Mat srcImg = cv::imread
                           ("../images/template_base.jpg");
007:     cv::Mat tmpImg1 = cv::imread("../images/Circle2.jpg");
008:     cv::Mat tmpImg2 = cv::imread("../images/Pentagon.jpg");
009:     cv::Mat tmpImg3 = cv::imread("../images/Triangle.jpg");
010:     cv::Mat resultImg1, resultImg2, resultImg3;
011:
012:     cv::Point maxPt1;
013:     double maxVal1;
014:     cv::matchTemplate(srcImg, tmpImg1, resultImg1,
                                     cv::TM_CCOEFF_NORMED);
015:     cv::minMaxLoc(resultImg1, nullptr, &maxVal1,
                                         nullptr, &maxPt1);
016:     cv::Rect roiRect1(0, 0, tmpImg1.cols, tmpImg1.rows);
017:
018:     roiRect1.x = maxPt1.x;
019:     roiRect1.y = maxPt1.y;
020:     cv::rectangle(srcImg, roiRect1, cv::Scalar(255,
                                             0, 255), 10);
021:
022:
023:     cv::Point maxPt2;
024:     double maxVal2;
025:     cv::matchTemplate(srcImg, tmpImg2, resultImg2,
                                     cv::TM_CCOEFF_NORMED);
026:     cv::minMaxLoc(resultImg2, nullptr, &maxVal2,
                                         nullptr, &maxPt2);
027:     cv::Rect roiRect2(0, 0, tmpImg2.cols, tmpImg2.rows);
028:
029:     roiRect2.x = maxPt2.x;
030:     roiRect2.y = maxPt2.y;
031:     cv::rectangle(srcImg, roiRect2, cv::Scalar(255,
                                             0, 255), 10);
032:
033:
034:     cv::Point maxPt3;
035:     double maxVal3;
036:     cv::matchTemplate(srcImg, tmpImg3, resultImg3,
                                     cv::TM_CCOEFF_NORMED);
037:     cv::minMaxLoc(resultImg3, nullptr, &maxVal3,
                                         nullptr, &maxPt3);
038:     cv::Rect roiRect3(0, 0, tmpImg3.cols, tmpImg3.rows);
039:
040:     roiRect3.x = maxPt3.x;
041:     roiRect3.y = maxPt3.y;
```

リスト19　複数のテンプレートを使えるテンプレート・マッチングのプログラム（19templatematching.cpp）（つづき）

```
042:     cv::rectangle(srcImg, roiRect3, cv::Scalar(255,
                                                  0, 255), 10);
043:
044:
045:     cv::imshow("SEARCH", srcImg);
046:     cv::imshow("TMP1", tmpImg1);
047:     cv::imshow("TMP2", tmpImg2);
048:     cv::imshow("TMP3", tmpImg3);
049:     cv::waitKey(0);
050:
051:     return 0;
052: }
```

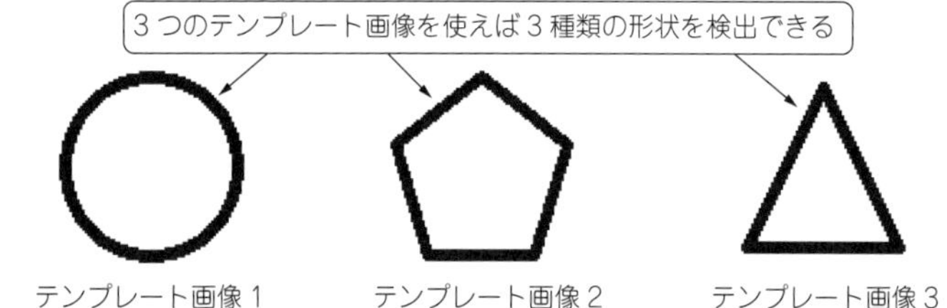

図43　複数の物体検出では複数のテンプレート画像を使う

をリスト18に示します．for文を使用して全座標を探索しています．

しきい値は，float threshold = 0.9fで設定しています．判定を厳しくする場合は0.9～1の範囲で値を調整してください．

▶複数のテンプレートを使ったマッチング

図43のように，複数のテンプレート画像を使えるテンプレート・マッチングのプログラムをリスト19に示します．

それぞれのマッチング画像でmatchTemplate()を設定して，1カ所だけ探索する場合はminMaxLoc()で，複数箇所を探索する場合はリスト18のようにfor文を用います．

1-15 識別の前処理で広く使えるモルフォロジー変換

フォルダ名：20morphology,21morphology,22morphology
リンク・ファイル：opencv_core, opencv_highgui, opencv_imgproc, opencv_imgcodecs, opencv_objdetect

ここでは，画像上の図形に対して，主にフィルタとして使用できるモルフォロジー変換を紹介します(**図44**).

基本的なモルフォロジー変換として，収縮処理の`erode()`と膨張処理の`dilate()`があります．さらに2つを組み合わせたオープニング処理とクロージング処理があります．

オープニング処理は，収縮の後に膨張を行います．オープニング処理の例を**図44**に示します．元画像の背景がざらついた感じなので，2値化画像はノイズが入った画像になっていますが，オープニング処理によってノイズが消えています．いったん，収縮(縮小)変換を行うことで小さいノイズがなくなり，その後に膨張(拡大)処理することで元のサイズでノイズが消えた画像となっています．

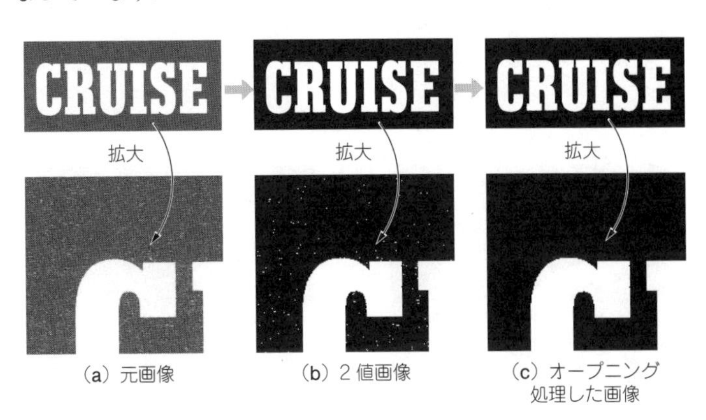

(a) 元画像　(b) 2値画像　(c) オープニング処理した画像

図44　モルフォロジー変換の例…オープニング処理でノイズを除去

クロージング処理は，膨張を行った後に収縮を行います．クロージング処理の例を**図45**に示します．

モルフォロジー変換は，画像内から特定の場所の文字を抜き出す際の前処理などに有効です．**図46**のように，交通標識の識別や車のナンバ・プレート読み取りに利用できます．

アイデア次第で応用範囲の広い変換処理です．

● プログラム

モルフォロジー変換のプログラムを**リスト20**に示します．モルフォロジー変換は，前処理として2値化が必要になる程度で，使い方はシンプルです．

収縮と膨張には，それぞれ`erode()`，`dilate()`の関数を使えます．また，収縮や膨張といった変換の種類を引き数で指定できる`morphologyEx()`関数があります．

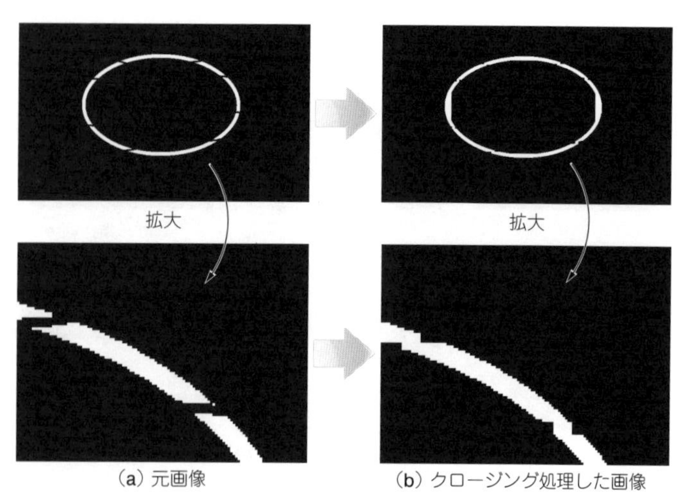

（a）元画像　（b）クロージング処理した画像

図45　クロージング処理で切れてしまった線をつなぐ

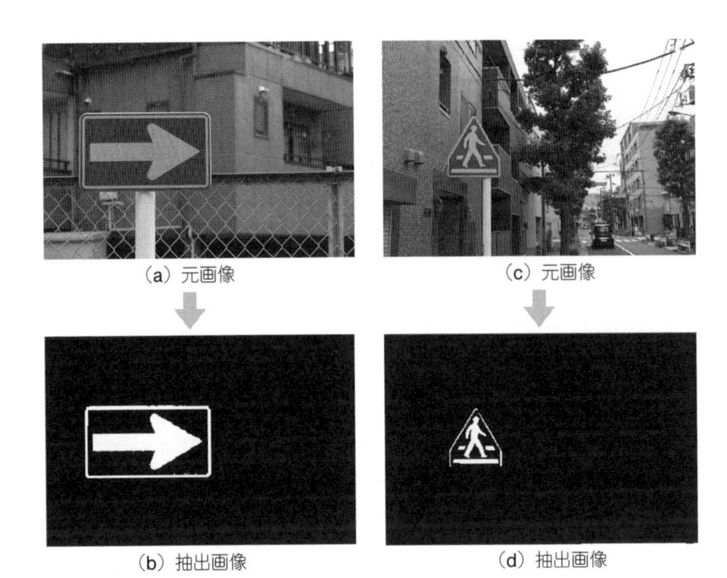

図46　モルフォロジー変換の応用例…交通標識の抽出

リスト20　モルフォロジー変換のプログラム(20morphology.cpp)

```
000: #include <iostream>
001: #include <opencv2/opencv.hpp>
002:
003: int main()
004: {
005:
006:     cv::Mat srcImg = cv::imread("../images/morSample.jpg");
007:     cv::Mat dstImg, gray;
008:
009:     cv::cvtColor(srcImg, gray, cv::COLOR_BGR2GRAY);
010:     cv::threshold(gray, gray, 0, 255,
                              cv::THRESH_BINARY | cv::THRESH_OTSU);
011:     cv::morphologyEx(gray, dstImg, cv::MORPH_OPEN,
                              cv::Mat(), cv::Point(-1, -1), 1);
012:
013:     cv::imshow("INPUT", srcImg);
014:     cv::imshow("OUTPUT", dstImg);
015:     cv::waitKey(0);
016:
017:     return 0;
018: }
```

▶**モルフォロジー変換関数**

```
cv::morphologyEx(入力画像, 出力画像, モルフォロジー変
                        換の種類, 演算の繰り返し回数);
```

この関数で調整が必要な引き数は，モルフォロジー変換の種類と繰り返し回数です．構成要素と基準位置はデフォルト値で使用しても問題ありません．

第3引き数のモルフォロジー変換の種類には，以下を指定できます(**図47**)．

- MORPH_ERODE：収縮．erode()と同じ
- MORPH_DILATE：膨張．dilate()と同じ
- MORPH_OPEN：オープニング．収縮と膨張を順に行う処理
- MORPH_CLOSE：クロージング．膨張と収縮を順に行う処理
- MORPH_GRADIENT：モルフォロジー勾配．膨張した画像と収縮した画像の差分をとる処理
- MORPH_TOPHAT：トップハット変換．入力画像とオープニング画像の差分をとる処理
- MORPH_BLACKHAT：ブラックハット変換．入力画像とクロージング画像の差分をとる処理

第4引き数は構成要素を表すMatを指定します．Mat()と指定することでサイズ3×3の四角が指定されます，長方形や楕円などの構成を指定したい場合は，getStructuringElement()関数を使用してMatデータを作成します．通常の使用ではMat()と指定しても問題ありません．

第5引き数の構成要素の基準位置は，構成要素の中心位置を指定することになります．デフォルト値はcv::Point(-1, -1)で，通常はこのまま使用して問題ありません．

第6引き数は演算の繰り返し回数です．第3引き数で指定した変換を何回繰り返すかを指定します．第3引き数でMORPH_ERODEを指定した場合は，繰り返し回数に応じて線が細くなり，

(a) MORPH_CLOSE

(b) MORPH_GRADIENT

(c) MORPH_TOPHAT

(d) MORPH_BLACKHAT

図47　モルフォロジー変換の種類

リスト21 **getStructuringElement()**のサンプル(21morphology.cpp)

```
000: #include <iostream>
001: #include <opencv2/opencv.hpp>
002:
003: int main()
004: {
005:
006:     cv::Mat srcImg = cv::imread
                              ("../images/morSample3.jpg");
007:     cv::Mat dstImg, gray;
008:
009:     cv::cvtColor(srcImg, gray, cv::COLOR_BGR2GRAY);
010:     cv::threshold(gray, gray, 0, 255,cv::THRESH_BINARY |
                                        cv::THRESH_OTSU);
011:     cv::Mat kernel = cv::getStructuringElement
                         (cv::MORPH_RECT, cv::Point(3, 3));
012:     cv::morphologyEx(gray, dstImg, cv::MORPH_OPEN, kernel);
013:
014:     cv::imshow("INPUT", srcImg);
015:     cv::imshow("OUTPUT", dstImg);
016:     cv::waitKey(0);
017:
018:     return 0;
019: }
```

MORPH_DILATEの場合は太くなります．MORPH_OPENを指定した場合は，収縮を指定回数行った後に，膨張を指定回数行いMORPH_CLOSEは逆の動作となります．

▶構成要素の作成

第4引き数の構成要素をMat()以外で使用する場合のgetStructuringElement()は，**リスト21**のように使用します．**リスト20**の実行結果と同じになります．Point()の値を別の数値に変更して，動作を確認してください．

getStructuringElement()の第2引き数による結果の違いを**図48**に示します．

効果が分かりやすいように，morphologyEx()の繰り返し回数を10回に設定しています(**リスト22**)．

デフォルトはPoint(3, 3)です．正方形を表す数値となるの

リスト22 morphologyEx()の繰り返し回数を10回に変更(22morphology.cpp)

```
000: #include <iostream>
001: #include <opencv2/opencv.hpp>
002:
003: int main()
004: {
005:
006:     cv::Mat srcImg = cv::imrea("../images/morSample3.jpg");
007:     cv::Mat dstImg, gray;
008:
009:     cv::cvtColor(srcImg, gray, cv::COLOR_BGR2GRAY);
010:     cv::threshold(gray, gray, 0, 255,
                          cv::THRESH_BINARY | cv::THRESH_OTSU);
011:     cv::Mat kernel = cv::getStructuringElement
                              (cv::MORPH_RECT, cv::Point(3, 3));
012:
013:     cv::morphologyEx(gray, dstImg, cv::MORPH_GRADIENT,
                                kernel, cv::Point(-1, -1), 10);
014:
015:     cv::imshow("OUTPUT", dstImg);
016:     cv::waitKey(0);
017:
018:     return 0;
019: }
```

で，縦横比を常に同じ比率で処理することになります．

Point(3,7)とPoint(7,3)の場合は，それぞれ横長，縦長の長方形のイメージになります．実行画像も，引き数に与えた数値に合わせた比率で画像処理されています．

MORPH_OPENでは先に収縮を行うため，**図48**の元画像では収縮の過程で線がなくなってしまいます．結果的には全ての画像が真っ黒になるため省略しています．

getStructuringElement()の第1引き数は，これまでMORPH_RECT(長方形)だけを指定して説明しましたが，他にMORPH_CROSS(十字)，MORPH_ELLIPSE(楕円)の構造要素を指定することもできます．

MORPH_CROSSとMORPH_CLOSEの組み合わせで実行した結果を**図49**に示します．

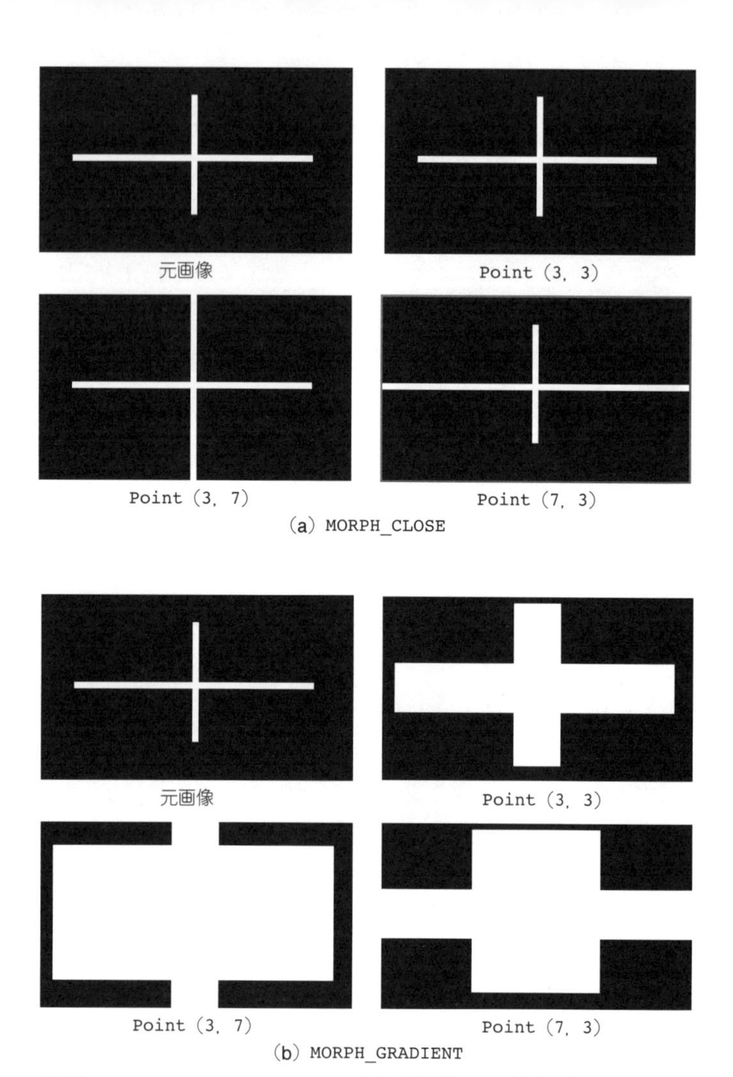

図48 **getStructuringElement()** の第2引き数による結果の違い

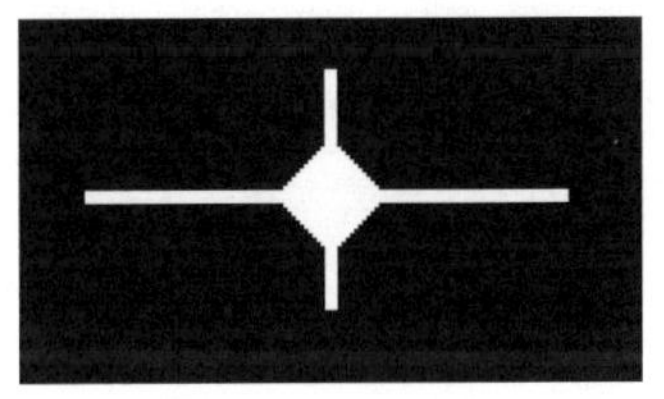
(a) Point (3, 3)

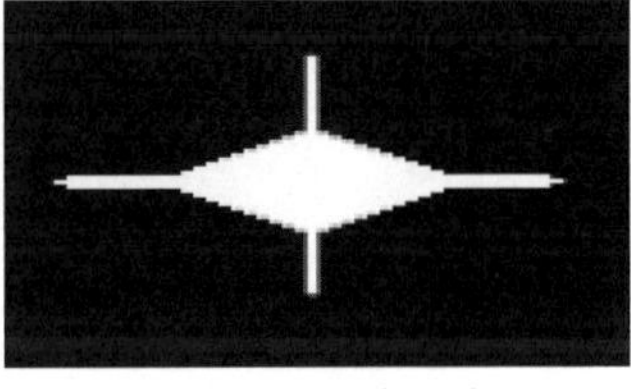
(b) Point (7, 3)

図49　**MORPH_CROSS**と**MORPH_CLOSE**の組み合わせによる結果

コラム　ラズパイよりWindows PCの方が試しやすい

本書では，PCには慣れているものの，ラズベリー・パイ（ラズパイ）は苦手と思われている方のために，Windows版のプロジェクトもダウンロードできるようにしてあります．

ラズベリー・パイはOSがLinux系のため，Windows以外は環境設定などに不安を抱く方が居ると考えたからです．

本書の目的はラズベリー・パイを使いこなすことではなく，OpenCVを使用した画像処理の便利さを体感していただくことです．特にOpenCVをソースコードからビルドする部分は面倒で，時間を費やした結果，失敗して初めからやり直しなんてことも少なからずあります．

Windows版であれば，OpenCVをすぐに利用できるように，1つ1つの画像処理をVisualStudioのプロジェクト単位で提供しておりますので，煩わしさが格段に減ります．ラズベリー・パイに不慣れな方は，USB接続のウェブ・カメラとWindows PCでお試しください．

また，同じ理由で本格的なUI画面での作成も考えましたが，画像処理以外のコードが多くを占めることになり，初心者には不親切と考え，OpenCVのUIをそのまま使用したプログラムとなっています．

なお，ラズベリー・パイ用のプロジェクトはQt Creatorで作成しています．興味のある方はUI版に改良してみてください．

第2部

カメラで画像センシング

2-1 対象物の長さを測る

フォルダ名：CQIF111

■ こんなカメラ

● 対象物と円を一緒に撮影することで長さを測る

最近はさまざまな計測や検査を「非接触，非破壊」で行うことに注目が集まっています．対象物に触れることなく計測することで「破壊や汚れ」のリスクを減らせます．

カメラ映像を利用して長さを測る（**図1**）プログラムを紹介します．なお，精度は撮影する画像の解像度に影響されます．従って本章では，ラズベリー・パイのHDMI端子を利用し，PCのディスプレイを使って実験を行いました．

対象物に円形の目印をつけることで，対象物の追跡が容易になります．

対象物を追跡できるようになると，サッカーなどの球技，水泳（往復カウント），トレーニング・ジム（反復回数カウント）など，特にスポーツ関係での応用が広がりそうです．

`cv::HoughCircles()`を使います．これの引き数には，円の半径や中心座標といったデータが渡されます．そのため，`cv::HoughCircles()`を利用することで，画像中に写る円の数をカウントしたり，円の位置を把握したりできます．

● 方式

A4サイズの用紙に直径20 cmの「黒丸●」を印刷して，壁などに貼り付けます（**写真1**）．これをカメラ映像の右側にある四角い

図1　カメラ画像から対象物の長さを測る

サイズが既知の円と一緒に撮影することで実現．計測したラインの中央あたりに長さを表示している

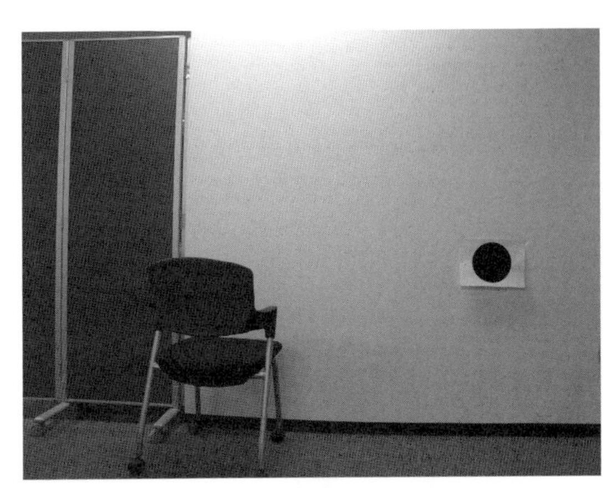

写真1　事前準備…サイズが既知の基準円を壁などに貼り付ける

直径20cmの黒丸●

図2　位置決めが済んで計測可能になったら黒丸を黄色に変えるようにしてある

枠の中に収まるようにセッティングします．

計測時は，**図2**のようにカメラ映像の四角内に黒丸マーカが入り黄色に変化した位置でカメラを固定します．

カメラの位置決めができたら，対象物の映像の計測開始点をクリックしながら計測終了点までドラッグします．計測線の中央に長さが表示されます（**図1**）．なお，計測は黒丸の平面に対して行われます．奥行きのある物体は誤差が大きくなります．プログラムは任意のキーを押すことで終了します．

図3は自動車のホイールを基準円（37 cm，黒丸の代わり）として検出し，自動車の外形を計測した例です．

■ 用途

● ものさしを当てられない物体の長さを測る

監視カメラなどでゲートを通過した人物の身長計測に利用できます．また，Piカメラのレンズを工夫すれば，接写も可能になります．1 mmの黒丸を基準にして計測することで，1 cm以下の計測も可能になります．

逆に1 m以上の大きな円を用意することで，船や列車といった大きな物体を計測できます．ラズベリー・パイ3B，3B+，4向けとPC向けのプログラムを提供しますので，改造してさまざまな計測を試せます．

図3　自動車の長さをカメラ画像から測定

黒丸を印刷した紙を用意しなくてもホイールを基準として使える

■ プログラムの流れ

プログラムの流れを以下に示します.

● 1…直径が既知の基準用黒丸を読み取る

本プログラムは, 画面右側に直径20 cmの黒丸があり, 映像内の黒丸のピクセル値を計測して基準値とすることで対象物の長さを計測しています. 計測可能状態になれば, 黒丸の部分が黄色に変化します(**図1**).

● 2…直径のピクセル値を読み取り換算する

黒丸の読み取りにはハフ変換`cv::HoughCircles()`を使います. 検知に成功した場合, 黒丸が黄色に変化して, `cv::HoughCircles()`の引き数に各種データが渡されます.

渡されたデータの中に円の半径のピクセル値が含まれているので, 直径のピクセル値を求め, このピクセル値を20 cmの基準とすることで長さの計測を実現しています.

● 3…マウスで計測対象物に線を引く

ユーザはマウス操作にて, 対象物の2点間に線を引きます. プログラムでは始点の座標と終点の座標を取得して2点間のピクセル値を調べます. 2点間のピクセル値を求めるには, `cv::norm()`を使用します.

● 4…対象物に引いた線と基準黒丸直径のピクセル比を計算して長さを求める

$$長さ = \frac{計測ピクセル値}{基準黒丸の直径ピクセル値} \times 20$$

にて, 長さ[cm]を求めます.

最後の20が基準黒丸の直径となります．例えば直径3 cmの黒丸を基準としてcmで計算したい場合は3とします．また，mmで計算したい場合は30とすることで目的に応じた表記ができます．

基準黒丸の読み取りが成功した場合はcm単位で，失敗した場合はピクセル値で計測結果を表示します．

● 5…計算結果を表示する

計測した2点間の座標のセンタ位置を基準に，計測した長さを表記します．

■ 使用するプログラム

● OpenCVのリンク・ファイル

リンク・ファイルは以下です．

```
opencv_core,opencv_highgui,opencv_imgproc,opencv_
imgcodecs,opencv_objdetect,raspicam raspicam_cv
```

● プログラムの構成

プログラムは，以下で構成されます．

- `Measure.cpp`…基準黒丸の計測とピクセル間の距離の計算
- `Measure.h`…`Measure.cpp`の関数を定義したヘッダ・ファイル
- `CQIF111.cpp`…プログラム本体のメイン処理．映像の取り込みと表示，マウス・イベントの処理，Measureクラス実行処理を行う

■ プログラムの詳細

● 基準となる長さの確認

プログラムMeasure.cppを**リスト1**に示します．

▶行番号011

基準の長さは壁に描画した黒丸部分を画面の右側の四角いエリアで計測することで処理しています．なお，**図1**は黒丸を認識して黄色に変化した状態です．

▶行番号016，021

まず，計測範囲をcv::threshold()で2値化処理をしてから，cv::HoughCircles()で黒丸部分の検知を行っています．この処理は，1-5で紹介したハフ変換を利用して，検知結果はcircles変数に格納され，黒丸部分の半径を取り出しています．

このままの処理では，cv::HoughCircles()で複数の円を検知する可能性があります．しかし，今回は判定エリアを限定しているため，正しくカメラ位置をセットすれば黒丸以外に反応することはありません．このため，検知数に関する処理は行っていません．

▶行番号031～034

後はgetLength()の第1引き数にマウスをドラッグしたピクセル幅と，第2引き数に計測した基準の黒丸のピクセル値を渡すことで，距離を計算しています．

● 黒丸計測場所の設定

▶行番号009～011（リスト1）

黒丸計測エリアは画面の左，中央下，右と3カ所から選ぶことができます．サンプルでは右側に設定していますが，ラズパイの設置環境に合わせて位置を変更します．変更する場合は，使用する場所以外はコメント・アウトして利用します．

リスト1　基準黒丸の計測とピクセル間の距離の計算Measure.cpp

```
000: #include "Measure.h"
001:
002: Measure::Measure() {
003:
004: }
005:
006: double Measure::getBaseSize(cv::Mat& img){
007:     int rectSize = 50;
008:     int margin = 50;
009:     //cv::Rect rect(margin, img.rows/2-rectSize/2,rectSize,
                                              rectSize);  // 左端
010:     //cv::Rect rect(img.cols/2-rectSize/2,
                img.rows-rectSize, rectSize, rectSize);  // 下側
011:     cv::Rect rect(img.cols-rectSize-margin, img.rows/2,
                                   rectSize, rectSize);  // 右側
012:     cv::Mat gray;
013:     cv::cvtColor(img,gray, cv::COLOR_BGR2GRAY);
014:     gray = gray(rect);
015:     cv::GaussianBlur(gray, gray, cv::Size(11,11), 2, 2);
016:     cv::threshold(gray, gray,0,255, cv::THRESH_BINARY |
                                               cv::THRESH_OTSU);
017:     cv::rectangle(img, rect, cv::Scalar::all(255), 1);
018:
019:     std::vector<cv::Vec3f> circles;
020:     double radius = 0.0;
021:     cv::HoughCircles(gray,circles,cv::HOUGH_GRADIENT, 2,
                         10, 100, 50, rectSize/3, rectSize);
022:     for(std::vector<cv::Vec3f>::iterator ite =
                circles.begin(); ite != circles.end(); ite++){
023:         cv::Point center(cv::saturate_cast<int>((*ite)[0])
     + rect.x ,cv::saturate_cast<int> ((*ite)[1]) + rect.y);
024:         radius = cv::saturate_cast<int>((*ite)[2]);
025:             cv::circle(img, center, radius, cv::Scalar(0,
                                255, 255), -1 , cv::LINE_AA);
026:     }
027:     cv::imshow("TEST",gray);
028:     return radius * 2;
029: }
030:
031: int Measure::getLength(double distance, double baselength){
032:     int length = (int)((distance/baselength) * 20);
033:     return length;
034: }
```

● 基準黒丸サイズの平均値取得

プログラムCQIF111.cppをリスト2に示します．

▶行番号051～057（リスト2）

黒丸をハフ変換するときに取得できる直径のピクセル値は，各フレームごとに処理を行っていますが，カメラを固定しても画像の揺らぎなどでフレームごとに直径サイズが変化します．このままではcmサイズ表示時にパラパラと目まぐるしく数字が変化して，読み取りが困難になり，使いにくい機能となります．

ここでは，表示を安定させるために各フレームで取得した直径のデータを平均値とすることで表示の安定化を図っています．

● マウスのドラッグによる移動距離取得

メイン・メソッド内でマウス・イベントの取得を行い，マウス・コールバックを処理するmouse CallBack()メソッドでは，ユーザ・データの受け取りを使っています．

▶行番号078～084（リスト2）

ここではstruct mouseParam{}を利用しているため，キャストは<mouseParam*>となっています．利用したいデータ型をキャストすることで，マウス・イベント取得時に独自の処理を行うことができるようになります．この後のプログラムでもユーザ・データを使っていますので，その都度確認してみてください．

実際の計測部分でマウス・イベントのEVENT_LBUTTONDOWN（左ボタンのイベント），EVENT_MOUSEMOVE（マウス移動のイベント）を組み合わせて使っています．

表示結果として，計測画面上の黒丸が正しく検知されない場合は，ドラッグ範囲をピクセル数で表示し，黒丸が検知された場合は，センチ・メートルで表示しています．

どちらも，ピクセル数をマウス・ドラッグの開始ポイントと終了ポイントを元に計測しています．この計測には，次の方法を使っています．

▶行番号049（リスト2）

`cv::Point`で宣言された変数に，計測したい座標を格納して，引き算として引き数に渡すことで，座標間のピクセル値が戻り値として取得できます．

▶行番号047～050，058～061（リスト2）

コード内のピクセル値，センチ・メートル処理部分です．

● 計測精度について

基準黒丸のピクセル値を数えてセンチ・メートルに変換しています．そのため精度はカメラの解像度だけでなく映像ノイズの影響を受けます．また，人間がマウスを使って範囲を指定するので個人差もあるでしょう．実感としては誤差5%程度でしょうか．

● ここがポイント

上記「基準黒丸サイズの平均値取得」で解説した処理によってアプリとしての使い易さも向上させました．テーマに沿ったプログラムを作るだけなら必要ない処理ですが，操作性を気にしてちょっとした工夫をしてみました．

リスト2　プログラム本体のメイン処理CQIF111.cpp

```
000: #include <iostream>
001: #include <opencv2/opencv.hpp>
002: #include <raspicam/raspicam_cv.h>
003: #include "Measure.h"
004:
005: static void mouseCallBack( int event, int x, int y, int
                                    flags, void* userdata);
006: struct mouseParam {
007:     int x, y, event, flags;
008: };
009:
010: int main()
011: {
012:     cv::Mat srcImg;
013:     int width=1280, height=720;
014:     const cv::String windowName = "RESULT_IMG";
015:
016:     mouseParam mouseEvent;
017:     cv::namedWindow(windowName, cv::WINDOW_AUTOSIZE |
                                    cv::WINDOW_KEEPRATIO);
018:     cv::moveWindow(windowName, 0, -28);
019:     cv::Point startPoint, endPoint;
020:     bool drowFlg = false;
021:     std::vector<int> hisBaseLength;
022:     int aveBaseLength = 0;
023:     int totalBaseLength = 0;
024:     cv::setMouseCallback(windowName, mouseCallBack,
                                            &mouseEvent);
025:
026:     raspicam::RaspiCam_Cv cCap;
027:     cCap.set(cv::CAP_PROP_FORMAT, CV_8UC3);
028:     cCap.set(cv::CAP_PROP_FRAME_WIDTH, width);
029:     cCap.set(cv::CAP_PROP_FRAME_HEIGHT, height);
030:
031:     if (!cCap.open()){
032:         std::cout << "Error opening the camera" <<
                                               std::endl;
033:         return -1;
034:     }
035:
036:     Measure measure;
037:     while(true){
038:         cCap.grab();
039:         cCap.retrieve(srcImg);
040:
041:         int baseLength = measure.getBaseSize(srcImg);
042:         if(mouseEvent.event == cv::EVENT_LBUTTONDOWN &&
                                       drowFlg == false){
043:             startPoint = cv::Point(mouseEvent.x,
                                           mouseEvent.y);
044:             drowFlg = true;
```

```
045:         }
046:         if(mouseEvent.event == cv::EVENT_MOUSEMOVE &&
                                        drowFlg == true){
047:             std::string unit = "px";
048:             endPoint = cv::Point(mouseEvent.x,
                                          mouseEvent.y);
049:             cv::Point centerPoint = cv::Point((startPoint.x
            + endPoint.x)/2, (startPoint.y + endPoint.y)/2);
050:             int distance = cv::norm(startPoint - endPoint);
051:             if(baseLength > 0){
052:                 hisBaseLength.push_back(baseLength);
053:                 for(unsigned int i=0; i<hisBaseLength.size
                                                  (); i++){
054:                     totalBaseLength+=hisBaseLength[i];
055:                 }
056:                 aveBaseLength =
                       totalBaseLength/hisBaseLength.size();
057:             }
058:             if(hisBaseLength.size() > 0){
059:                 unit = "cm";
060:                 distance = measure.getLength(distance,
                                          aveBaseLength);
061:             }
062:             totalBaseLength = 0;
063:             std::ostringstream oss;
064:             oss << distance << unit;
065:             cv::line(srcImg, startPoint, endPoint,
                     cv::Scalar(0,255,255), 1, cv::LINE_AA);
066:             cv::putText(srcImg, oss.str(), centerPoint,
                       cv::FONT_HERSHEY_PLAIN, 1, cv::Scalar
                                (0,255,255),2,cv::LINE_AA);
067:         }
068:         if(mouseEvent.event == cv::EVENT_LBUTTONUP){
069:             drowFlg = false;
070:         }
071:         cv::imshow(windowName, srcImg);
072:         if(cv::waitKey(1) >= 0) break;
073:     }
074:     cCap.release();
075:     return 0;
076: }
077:
078: void mouseCallBack( int event, int x, int y, int flags,
                                          void* userdata){
079:     mouseParam* ptr = static_cast<mouseParam*>(userdata);
080:     ptr->x = x;
081:     ptr->y = y;
082:     ptr->event = event;
083:     ptr->flags = flags;
084: }
```

2-2　往復運動の回数をカウントする

フォルダ名：CQIF121

カメラ画像からターゲットの上下運動といった往復運動をカウントする方法はいくつか考えられます．今回はラズベリー・パイを使うことが前提です．少ないコンピュータ資源でいかにして対象物を追いかけるかについて試行錯誤しました．

ここでは1-5「円の検出」を利用することで，実現しました．

■ こんな結果が得られる

● 事前準備

図1のように，対象物の上下回数をカウントします．実験では上下運動の追跡対象に球状の物体（テニス・ボール）を使っています．1色の物体であれば，何でも構いません．筆者の場合，実験の大半は100円ショップで購入したϕ18 cmほどのゴムボールを利用していました（**写真1**）．**図1**では撮影現場にあったテニス・ボールを拝借して実験を行いましたが，ϕ18 cmのゴムボールの方が，運動の上下に対してトラッキングが外れることがなかったように感じました．テニス・ボールの方が外れやすいのは，上下運動によって照明の当たり方が変わった際に，指定した色を保持できる面積が狭いからでしょう．屋外の方が差が出にくいかと思います．

次の手順で準備しました．

1. 上下運動を計測するためにカメラが動かないように固定する
2. 色のついたボールを腰に固定
3. 撮影の背景にはボールと同じ色が存在しない場所を選ぶ

● 操作方法

セッティングが完了したら，腰に付けた対象物を，マウスでド

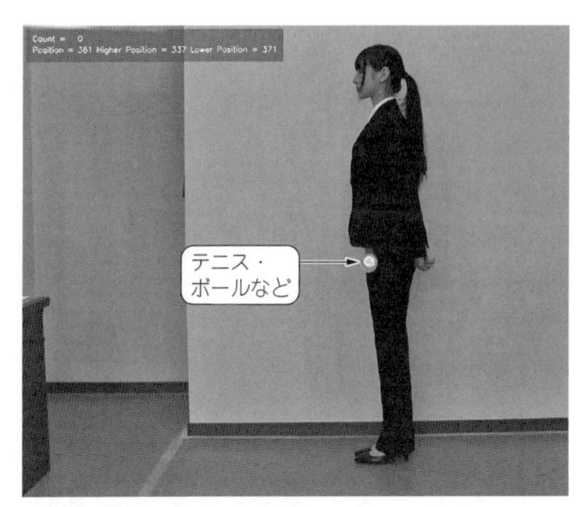

（a）アップ

（b）ダウン

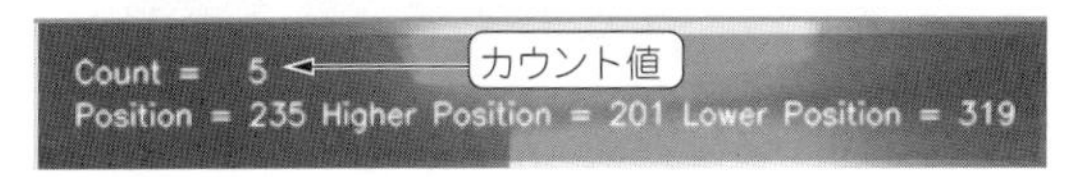

（c）運動回数が取れる！

図1　対象物の上下回数をカウント

写真1　黄色いゴムボールは照明の当たり方が変わってもわりと追跡できる
100円ショップで購入．カラー画像を下記URLで確認できます．
`https://interface.cqpub.co.jp/rpicamera02/`

図2　指定した色範囲を赤い円で表示

ラッグして色範囲を指定します．指定した範囲に応じて黄色で上塗りされて赤い円でマークされます(**図2**)．

マウスを使って検知対象物を指定する際には，ボールの端までトレースする必要はありませんが，可能な限り大きく取ることで物体を認識しやすくなります．

ターゲット以外のエリアを指定したら，マウスの右クリックで再設定してください．後は上下運動を繰り返すだけです．

■ 用途

計測対象にマーカを取り付けることで，スポーツ関連での用途を想定しました．例えばスポーツ・クラブでのバーベル挙げ，腕立て伏せ，スクワット，鉄棒の懸垂などの運動をカウントして，一定回数をクリアしたら何らかのメッセージを出します．ラズベリー・パイのGPIOを制御して外部機器と連携することで，あれこれ可能性が広がりそうです．

■ プログラムの流れ

プログラムの流れを以下に示します．

● 1…カウントする対象物を指定する

何を対象にアップダウンをカウントするのか明確にする必要があります．そのためには対象物を何らかの方法で指定する必要があります．ここではゴムボールを対象物として，マウス操作でボールの色相を指定します．

● 2…指定範囲の座標中心点を取得する

対象物の位置座標を確認するために，指定した画像エリアの中心座標を取得します．

この処理には`cv::HoughCircles()`，つまりハフ変換処理を行って，指定エリアの中心座標を取得します．

● 3…運動中の最上点と最下点の座標を記録する

取得した中心座標を使って，運動中の最も高い位置（Y座標の最も小さい数値）と最も低い位置（Y座標の最も大きい数値）を記録します．例えば，腕立て伏せであれば腕が伸びきった位置が最上点となります．

● 4…最上点と最下点の中間座標を取得する

上下運動だけを検知すればよいので，最上点と最下点の中間にあたるY座標を取得します．動作によって毎回，最上点と最下点は更新される可能性があり，その際は中間点座標も変動します．

● 5…動いたかを判断する

例えばベンチプレスなどで，少しだけ持ち上げて降ろす動作があったら，カウントを無効にする処理が必要です．ここでは画面上で，最大と最小の間のピクセル数の10％動いたかどうかで「動作成立」を判断しています．運動によっては判定パラメータの調整が要るでしょう．

● 6…下降中に中間座標を通過したらカウントアップする

中間座標を越えた動作だけをカウントの対象としました．下降動作時に中間地点を通過した場合にカウントアップ処理をしています．この処理は上記5と同じプログラムで書きました．

■ 使用するプログラム

● OpenCVのリンク・ファイル

リンク・ファイルは以下です．

```
opencv_core,opencv_highgui,opencv_imgproc,opencv_
imgcodecs,opencv_objdetect,raspicam,raspicam_cv
```

● プログラムの構成

プログラムは以下で構成されます.

- `CQIF121.cpp`…プログラムのメイン処理. ビデオ映像の取り込み表示, HSV情報取得, `UpDownCounter`クラスの実行処理を行う
- `UpDownCounter.cpp`…上下運動カウントの判定処理とデータ表示
- `UpDownCounter.h`…ヘッダ・ファイル

■ プログラムの詳細

● モニタ選択

プログラム`CQIF121.cpp`を**リスト1**に示します.

画面レイアウトは3.5インチ・ディスプレイを対象としていますので, 通常の外付けディスプレイで実行する場合は行番号30をコメント・アウトしてください.

● 対象の球体を指定する

対象の球体はマウス・イベント内で, マウスのドラッグを利用して指定しています(行番号068). この部分はクロマキー合成と同じ処理でドラッグした部分をHSV画像からマスク処理しているため, 映像内に同じ色相の色が他に存在しないことが, 動作の前提になります.

その後, **リスト2**に示す`UpDownCounter.cpp`の行番号015に示すメソッド内で, ハフ変換で円の検出を行い, 同時に円の上下運動中のY座標の最も高かった座標と, 最も低かった座標を記録しています.

リスト1　プログラムのメイン処理部分CQIF121.cpp

```
000: #include <iostream>
001: #include <opencv2/opencv.hpp>
002: #include <raspicam/raspicam_cv.h>
003: #include "UpDownCounter.h"
004:
005: static cv::Mat hsvImg;
006: static int hMax = 0, sMax = 0, vMax= 0;
007: static int hMin = 255, sMin = 255, vMin = 255;
008: void mouseCallBack( int event, int x, int y, int flags,
                                                 void* userdata);
009:
010: int main() {
011:
012:     int width=480, height=320;
013:     cv::Mat foreImg, maskImg;
014:     cv::Mat backImg(cv::Size(width, height), CV_8UC3,
                                       cv::Scalar(0,255,255));
015:
016:     raspicam::RaspiCam_Cv cCap;
017:     cCap.set(cv::CAP_PROP_FORMAT, CV_8UC3);
018:     cCap.set(cv::CAP_PROP_FRAME_WIDTH, width);
019:     cCap.set(cv::CAP_PROP_FRAME_HEIGHT, height);
020:
021:     if (!cCap.open()){
022:         std::cout << "Error opening the camera" <<
                                                     std::endl;
023:         return -1;
024:     }
025:
026:     UpDownCounter udc(height);
027:     bool countFlg = false;
028:
029:     const cv::String windowName = "COMPOSITE";
030:     cv::namedWindow(windowName, cv::WINDOW_AUTOSIZE |
                                        cv::WINDOW_KEEPRATIO);
031:     cv::moveWindow(windowName, 0, -28);
032:     cv::setMouseCallback(windowName, mouseCallBack, &udc);
033:
034:     while(true){
035:
036:         cv::Scalar lower = cv::Scalar(hMin,sMin,vMin);
037:         cv::Scalar upper = cv::Scalar(hMax,sMax,vMax);
038:
039:         cCap.grab();
040:         cCap.retrieve(foreImg);
041:
042:         cv::cvtColor(foreImg,hsvImg,cv::COLOR_BGR2HSV);
043:         cv::inRange(hsvImg, lower, upper, maskImg);
044:
045:         if(maskImg.rows == height && foreImg.rows ==
                                                       height){
```

```
046:                backImg.copyTo(foreImg, maskImg);
047:            }
048:            udc.setMegArea(foreImg);
049:            udc.getCircle(foreImg, maskImg);
050:            int minToMaxDis = udc.getMaxPoint() -
                                                udc.getMinPoint();
051:            if(minToMaxDis > foreImg.rows/10){
052:                int borderPoint = udc.getMaxPoint() -
                                                 minToMaxDis / 2;
053:                if(borderPoint < udc.getTempPoint() &&
                                              countFlg == false){
054:                    udc.addUpCount();
055:                    countFlg = true;
056:                }
057:                if(borderPoint > udc.getTempPoint()){
058:                    countFlg = false;
059:                }
060:            }
061:            udc.showInfo(foreImg);
062:            cv::imshow(windowName, foreImg);
063:            if(cv::waitKey(1) >= 0) break;
064:        }
065:
066:        return 0;
067: }
068: void mouseCallBack( int event, int x, int y, int flags,
                                                 void* userdata){
069:     UpDownCounter* ptrUdc = static_cast<UpDownCounter*>
                                                      (userdata);
070:     if(event==cv::EVENT_MOUSEMOVE &&
                              flags==cv::EVENT_FLAG_LBUTTON){
071:         int H = hsvImg.at<cv::Vec3b>(y,x)[0];
072:         int S = hsvImg.at<cv::Vec3b>(y,x)[1];
073:         int V = hsvImg.at<cv::Vec3b>(y,x)[2];
074:         hMax = std::max(hMax, H);
075:         sMax = std::max(sMax, S);
076:         vMax = std::max(vMax, V);
077:         hMin = std::min(hMin, H);
078:         sMin = std::min(sMin, S);
079:         vMin = std::min(vMin, V);
080:     }
081:     if(event==cv::EVENT_RBUTTONDOWN){
082:         hMax = 0, sMax = 0, vMax= 0;
083:         hMin = 255, sMin = 255, vMin = 255;
084:         ptrUdc->init();
085:     }
086: }
```

リスト2　上下運動カウントの判定処理とデータ表示 **UpDownCounter.cpp**

```
000: #include "UpDownCounter.h"
001:
002: UpDownCounter::UpDownCounter(int height)
003: {
004:     this->height = height;
005:     init();
006: }
007: void UpDownCounter::init(){
008:     minCircle = 5;
009:     maxCircle = 30;
010:     minPoint = height;
011:     maxPoint = 0;
012:     tempPoint = 0;
013:     upCount = 0;
014: }
015: void UpDownCounter::getCircle(cv::Mat& img, cv::Mat& mask){
016:     std::vector<cv::Vec3f> circles;
017:     cv::blur(mask, mask, cv::Size(11,11), cv::Point(-1,
                                        -1), cv::BORDER_DEFAULT);
018:     cv::HoughCircles(mask, circles, cv::HOUGH_GRADIENT, 2,
                                   img.rows/4, 70, 20, 10, 40);
019:     double radius = 0.0;
020:     for(std::vector<cv::Vec3f>::iterator ite =
                 circles.begin(); ite != circles.end(); ite++){
021:         cv::Point center(cv::saturate_cast<int>((*ite)
                     [0]),cv::saturate_cast<int> ((*ite)[1]));
022:         radius = cv::saturate_cast<int>((*ite)[2]);
023:         cv::circle(img, center, radius, cv::Scalar(0, 0,
                                         255), 2 , cv::LINE_AA);
024:         if(circles.size() == 1){
025:             if(center.y > 0){
026:                 minPoint = std::min(minPoint, center.y);
                                                          // 最上点
027:                 maxPoint = std::max(maxPoint, center.y);
                                                          // 最下点
028:                 tempPoint = center.y;
029:             }
030:         }
031:     }
032: }
033: void UpDownCounter::setMegArea(cv::Mat& img){
034:     cv::Mat overlay;
035:     double alpha = 0.5;
036:     // 表示エリア
037:     img.copyTo(overlay);
038:     cv::rectangle(overlay, cv::Rect(5, 5, 410, 50),
                                    cv::Scalar(64, 64, 64), -1);
039:     cv::addWeighted(overlay, alpha, img, 1-alpha, 0, img);
040: }
041: void UpDownCounter::showInfo(cv::Mat& img){
042:     std::ostringstream oss;
```

```
043:     int leftPosition = 15;
044:     oss << "Count = " << std::setw(3) << upCount;
045:     setTextMsg(img, oss.str(), cv::Size(leftPosition, 23));
046:     oss.str("");
047:     oss << "Position = " <<  std::setw(3) << tempPoint
048:         << " Higher Position = " << std::setw(3) <<
                                                    minPoint
049:         << " Lower Position = " <<std::setw(3) << maxPoint;
050:     setTextMsg(img, oss.str(), cv::Size(leftPosition, 40));
051:
052: }
053: void UpDownCounter::setTextMsg(cv::Mat& img, std::string
                                        str, cv::Size size){
054:     cv::putText(img, str, size, cv::FONT_HERSHEY_SIMPLEX,
                 0.4, cv::Scalar::all(255), 1, cv::LINE_AA);
055: }
056: int UpDownCounter::getMinPoint(){
057:     return minPoint;
058: }
059: int UpDownCounter::getMaxPoint(){
060:     return maxPoint;
061: }
062: int UpDownCounter::getTempPoint(){
063:     return tempPoint;
064: }
065: void UpDownCounter::addUpCount(){
066:     upCount ++;
067: }
068: void UpDownCounter::setMinCircle(int minCircle){
069:     this->minCircle = minCircle;
070: }
```

● 上下運動のカウント判定

移動距離が短かった場合は判定を無効にしています．**リスト1**（`CQIF121.cpp`）の行番号051です．

最も高かった座標と最も低かった座標の半分の地点を下降方向に通過したらカウントしています（行番号052～059）．

● カウント数の表示

図1（c）のインフォメーションは以下になります．

```
Count  => 上下運動のカウント数
Position  => 対象物の現在座標
```

```
Higher Position => 運動中に最も高かった座標
Lower Position => 運動中に最も低かった座標
```

● 誤検知について

今回のテーマについては，色相によってターゲットを指定する仕様となっています．従って映像内に同じ色相の物体があれば，同じように反応することになり誤検知の原因となります．

ターゲットとなる物体には工夫が必要になります．筆者は100円ショップで購入した直径15cmほどの黄色のゴムボールを利用しました．日常空間に黄色の物体は少ないので，結構，使えるのではないかと思います．

● ここがポイント

この手の処理は，トラッキングで処理したくなりますが，撮影状況によっては対象物を見失うこともあります．今回は計測の対象物をマスク処理してハフ変換にて座標取得を行ったことで，座標を見失うことなく安定した取得が可能になりました．結果，上下運動の位置確認を確実に実行できるようになりました．

2-3　侵入を検知する

フォルダ名：CQIF132

● 基準画像との差を検出するだけだが結構使える

ここでは，「背景差分」を応用します．応用はいろいろ考えられます．

- 画像中に人や動物が侵入した
- 太陽が昇った/沈んだ
- 自動車や人が通過した数をカウント

変化のない場合のカメラ映像と，何らかの物体が写り込んできた場合との，画像の差分を利用して，差分があった場合には(**図1**)，その期間を動画として保存します．ここでは監視カメラの映像に変化が起きた場合にだけ反応するバージョンとしました．

■ こんな監視カメラ

● 差分を検出したら動画をフォルダに保存

背景差分が発生した場合はフォルダに動画を保存するようにしました．サンプル・コードでは，保存先は/home/pi/Videos/となります．

● 検出レベルを設定できる

わずかな変化にも反応してしまうと，人が通らなくても動画を保存してしまいます．そこで，しきい値を設定して，差分量が一定以上の場合にだけ反応するようにスライダ・バーを付けてあります(**図2**)．

しきい値は画像全体に対する差分率となり，初期値は10%の差分までは誤差と判定しています．なお，プログラムは，任意のキーを押すことで終了します．

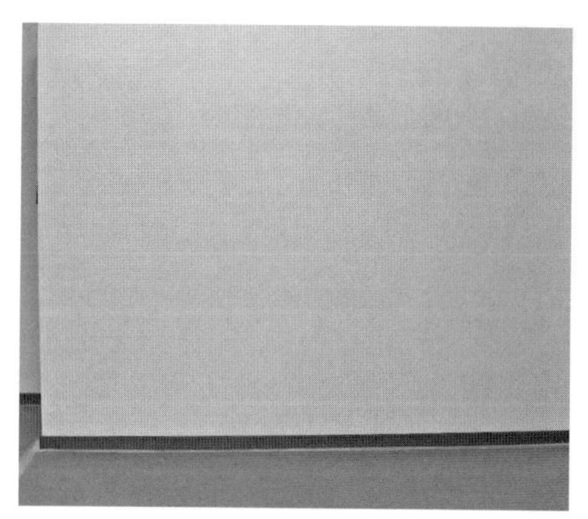

（a）検出前の背景

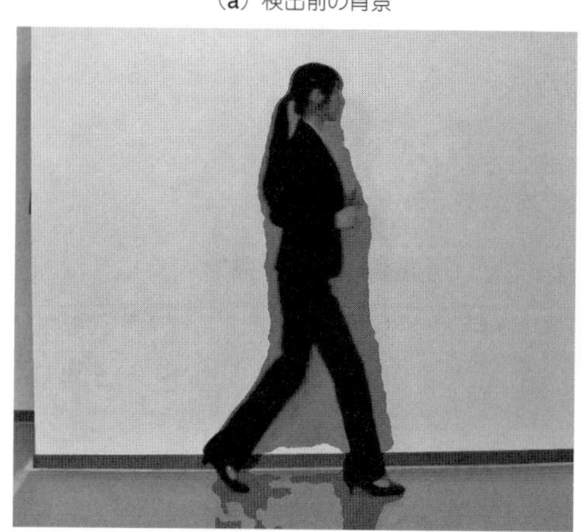

（b）差分を取ることで侵入者を検出

図1　基準画像と現在の画像の差分を検出する

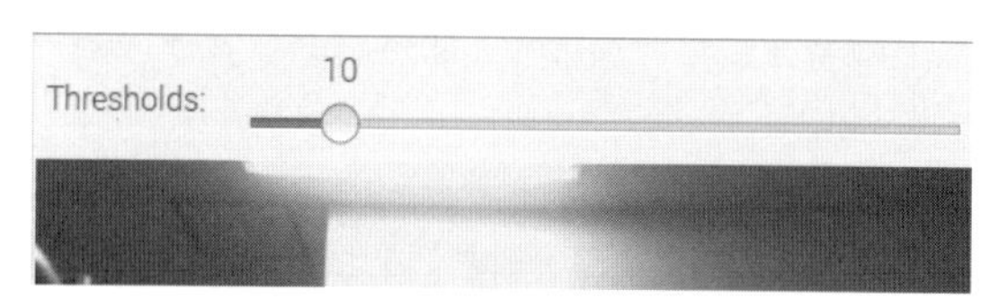

図2　感度調整のために差分率のスライダ・バーを設ける

● 注意点…キチンと固定

背景差分を利用している関係から，カメラが動くと映像にブレが発生し，画面全体が差分対象となります．カメラはしっかり固定して撮影してください．

■ 用途

背景差分を判定に使っていますので，監視カメラとしての応用は多岐にわたります．

人感検知の玄関カメラ，ドアの開閉検知，駐車場の入出庫検知，農場での動物侵入検知など，定点を長時間監視する目的に向いています．

また，背景差分が発生したときにだけ動画を保存しますので，長時間にわたって変化のない監視業務など，人が行うのに向かない業務にも有効です．

■ プログラムの流れ

プログラムの流れを次に示します．

● 1…カメラ画像を取得

背景差分は前の映像と現在の映像とをドット単位で比較して，変化があった場所を見つける処理です．そのため，カメラが固定されていないと，画面全体が変化したことになり，基準の背景画面を取得できません．常に画面全体に差分が発生していることになります．

カメラがしっかり固定されると，数フレームで背景確認が完了して，差分マーカが消えた状態となります．

● 2…背景認識が終わるまで待つ

開始直後は基準となる背景映像がなく，背景認識終了までマーカが表示されることがあります．マーカがなくなるまで放置します．

● 3…背景差分があったら動画保存開始

例えば，何もない壁であれば，動きがなければ背景差分が発生しません．しかし，観葉植物などが映り込んでいれば，エアコンの風で葉っぱが少し揺れるかもしれません．このようなときに，全て反応していたら過剰反応になってしまいます．

そこで，しきい値を設定して，一定以上の変化があった場合にだけ検知するようにしています．しきい値を超えたときだけ動画を保存するように処理しています．なお，本プログラムではスライド・バーでしきい値の調整が可能になっています．

● 4…差分がなくなれば動画保存を一時停止

映像に動きがなければ，改めてベース画像としての画像取得が始まります．これは，動きのある物体が画面内から外れた場合，または動いていた物体が静止した場合にも，一定時間後には物体ごと背景と判断する処理をします．

例えば，先ほどの観葉植物の入れ替えや，何らかの装飾品が変更された場合にも，動的に背景と判断する必要があるからです．

● 5…区切りフレーム挿入

次の動画と区別が付くように，停止したフレームの後にはブランク画像を挿入します．

● 6…背景差分が発生するたびに前回の動画に追加で保存

背景差分が発生するたびにブランク画像の後に動画を追加します．

● 7…以降繰り返し

この後は，一時停止と背景差分発生時の動画保存プロセスの繰り返しとなり，繰り返し動作はプログラムが終了するまでエンドレスで続けられます．

● 8…プログラム終了で動画ファイルを保存

プログラム終了で動画ファイルがクローズされ，通常の動画アプリで閲覧可能になります．

■ 必要なプログラム

● リンク・ファイル

リンク・ファイルは以下です．

```
opencv_core,opencv_highgui,opencv_imgproc opencv_
imgcodecs,opencv_objdetect,opencv_video,opencv_
videoio,raspicam,raspicam_cv
```

● プログラムの構成

プログラムは以下で構成されます．

- `CQIF132.cpp`…プログラムのメイン処理部．ビデオ映像の取り込み表示と保存，`Backgroundsub.cpp`，`VariousConf` クラスの実行処理を行う
- `Backgroundsub.cpp`…背景差分処理と画像編集
- `Backgroundsub.h`…ヘッダ・ファイル
- `VariousConf.cpp`…日時を管理する処理
- `VariousConf.h`…ヘッダ・ファイル

■ プログラム詳細

● 表示位置

プログラム `CQIF132.cpp` を**リスト1**に示します．

リスト1　プログラムのメイン処理部分 **CQIF132.cpp**

```
000: #include <iostream>
001: #include <opencv2/opencv.hpp>
002: #include <raspicam/raspicam_cv.h>
003: #include "Backgroundsub.h"
004: #include "VariousConf.h"
005:
006: int main()
007: {
008:
009:     const cv::String windowName = "RESULT_IMG";
010:     int width=480, height=320;
011:
012:     cv::Mat srcImg, dstImg, maskImg;
013:     cv::Mat blankImg(cv::Size(width, height), CV_8UC3,
                                          cv::Scalar::all(64));
014:
015:     cv::VideoWriter writer;
016:     raspicam::RaspiCam_Cv cCap;
017:     cCap.set(cv::CAP_PROP_FORMAT, CV_8UC3);
018:     cCap.set(cv::CAP_PROP_FRAME_WIDTH, width);
019:     cCap.set(cv::CAP_PROP_FRAME_HEIGHT, height);
020:     if (!cCap.open()){
021:         std::cout << "Error opening the camera" <<
                                                      std::endl;
022:         return -1;
023:     }
024:
025:     VariousConf vConf;
026:     cv::String fileName = "/home/pi/Videos/" +
                              vConf.getTimeNumStr() + ".avi";
027:     int fourcc = cv::VideoWriter::fourcc('M', 'J', 'P',
                                                          'G');
028:
029:     Backgroundsub bgsub;
030:     cv::namedWindow(windowName, cv::WINDOW_AUTOSIZE |
                                        cv::WINDOW_KEEPRATIO);
031:     cv::moveWindow(windowName, 0, -28);
032:     int thMax=100, th=10;
033:     cv::createTrackbar("Thresholds:", windowName, &th,
                                                      thMax);
034:
035:     int timeNum = std::atoi(vConf.getTimeNumStr().
                                                     c_str());
036:
037:     int fps = 5;
038:     writer.open(fileName, fourcc, fps, cv::Size(width,
                                               height), true);
039:     while(true){
040:         cCap.grab();
041:         cCap.retrieve(srcImg);
042:         dstImg = srcImg.clone();
043:         bgsub.createDiff(dstImg, maskImg);
```

```
044:         bgsub.setTextMsg(srcImg, static_cast<cv::String>
                                     (vConf.getDateTime()));
045:         if(bgsub.doWatchChange(maskImg, th)){
046:             timeNum = std::atoi(vConf.getTimeNumStr
                                                 ().c_str());
047:             writer << srcImg;
048:         }
049:         // 最後の判定から5秒間記録
050:         int progTime = atoi(vConf.getTimeNumStr().c_str
());
051:         if(timeNum + 5 > progTime){
052:             writer << srcImg;
053:             std::cout << "Write" << " " << timeNum + 5 <<
                     " " << vConf.getTimeNumStr() << std::endl;
054:         }
055:         else if(timeNum + 7 > progTime){
056:             writer << blankImg;
057:         }
058:         cv::imshow(windowName, dstImg);
059:         if(cv::waitKey(1) >=0) break;
060:     }
061:     writer.release();
062:     return 0;
063: }
```

▶行番号031

画面レイアウトは3.5インチ・ディスプレイを対象としていますので，通常の外付けディスプレイで実行する場合はコメント・アウトしてください．

● 保存する動画の形式

▶行番号027

保存する動画の形式は拡張子で指定します．.mp4, .avi, .wmv, .movが指定可能です．各拡張子に対応するコーデックの種類は引き数の4つの文字の組み合わせで指定するようになっています．

サンプル・コードは拡張子が.aviの動画を保存しています．.mp4の拡張子を持つMPEG動画にする場合は，(‘M’, ‘P’, ‘4’, ‘S’)または(‘M’, ‘P’, ‘4’, ‘V’)とします．

● 動画の作成と保存

▶行番号038

filename…保存先のパス名とファイル名

fourcc…動画形式の指定

fps…フレーム・レートの指定

cv::Size(width, height)…作成動画の縦横サイズ(ピクセル数)

true…カラー動画として書き込みかの指定．falseで白黒画像

引き数の指定で注意が必要なのは，第3引き数のフレーム・レートの指定です．これは，1秒間に何フレーム入れるかの指定なので，カメラから取得した際のフレーム・レートと合わせないと，実際より遅い動作や早い動作で動画が作成されてしまいます．

今回はフレーム・レートを5と設定していますが，状況に合わせて調整してください．

● 差分量の判定

プログラムBackgroundsub.cppを**リスト2**に示します．

▶行番号018 ～ 034

差分量の判定には，しきい値を設けて，一定量以上の変化があった場合だけ反応するようになっています．ここでは背景差分で生成されたマスク画像の全ピクセルを確認して，白のピクセル数と黒のピクセル数の比率を計算して，しきい値を超えるかどうかを判定しています．

● 背景差分のマーカ

▶行番号009(リスト2)

背景差分が生じた場所には，行番号009の処理を使ってマゼンタ色で確認できるようにしています．また，差分処理そのものは行番号004および006 ～ 017の部分で1-12で紹介した背景

リスト2　背景差分処理と画像編集 **Backgroundsub.cpp**

```
000: #include "Backgroundsub.h"
001:
002: Backgroundsub::Backgroundsub()
003: {
004:     bgSub = cv::createBackgroundSubtractorMOG2();
005: }
006: void Backgroundsub::createDiff(cv::Mat &img, cv::Mat
                                                   &maskImg){
007:     cv::Mat outputImg;
008:     // 重ねる背景色
009:     cv::Mat bgImg(cv::Size(img.cols, img.rows), CV_8UC3,
                                     cv::Scalar(255, 0, 250));
010:
011:     bgSub->apply(img, maskImg, true ? -1 : 0);
012:     cv::medianBlur(maskImg, maskImg, 11);
013:     cv::threshold(maskImg, maskImg, 0, 255,
                        cv::THRESH_BINARY | cv::THRESH_OTSU );
014:     // 差分画像を重ねる
015:     cv::bitwise_and(bgImg, img, outputImg, maskImg);
016:     outputImg.copyTo(img, maskImg);
017: }
018: bool Backgroundsub::doWatchChange(cv::Mat &maskImg, int
                                                  threshold){
019:     int intensity, black=0, white=0;
020:     for(int y=0; y < maskImg.rows; y++){
021:         for(int x=0; x < maskImg.cols; x++){
022:             intensity = maskImg.at<unsigned char>(y, x);
023:             if(intensity == 0){
024:                 black++;
025:             }
026:             else{
027:                 white++;
028:             }
029:         }
030:     }
031:     bool result = (static_cast<double>(white)/black)*100 >
                                     threshold ? true : false;
032:     if((static_cast<double>(white)/black)*100 > 100)
                                               result = false;
033:     return result;
034: }
035: void Backgroundsub::setTextMsg(cv::Mat &img, cv::String
                                                        str){
036:     cv::Mat overlay, output;
037:     double alpha = 0.5;
038:     // 表示エリア
039:     img.copyTo(overlay);
040:     cv::rectangle(overlay, cv::Rect(5, 5, 200, 30),
                               cv::Scalar(192, 192, 192), -1);
041:     cv::addWeighted(overlay, alpha, img, 1-alpha, 0, img);
042:     cv::putText(img, str, cv::Point(10,25), cv::FONT_
         HERSHEY_PLAIN, 1, cv::Scalar::all(32), 1,cv::LINE_AA);
043: }
```

差分の手法を使っています．

● 時間経過の処理

プログラム`VariousConf.cpp`を**リスト3**に示します．

コード内には一定秒数の経過を確認する場所があります．行番号006～011の部分で現在時刻を取得して処理しています．皆さんが手を加えるべき箇所は何もありませんので，参考としてご確認ください．

必要なタイミングで呼び出して呼び出しタイミングの差分で経過時間を処理しています（**リスト1**の行番号050）．

● 動画に書き込み記録日時

保存動画には，記録した日時を書き出しています．記録時に取得する現在日時情報は行番号012～041（**リスト3**）で取得しています．編集箇所は何もありません．

● 計測精度について

どの程度の変化を許容するかが課題です．全ての変化に対応すると風で葉っぱが揺れた程度で動画データが生成されてしまい，大きなファイル・サイズが必要になってきます．

ファイル・サイズを最小限に抑えるために，しきい値による判定を行っています．監視カメラとして，人や動物の侵入検知が主な使用目的になると思われますので，映像中にどの程度の大きさで対象物が映るか，状況を検討してしきい値の調整を行ってください．

● ここがポイント

差分の変化量にしきい値を設けたところがポイントです．これも作業としてプログラムを作っているだけでは気づかないこ

リスト3　日時を管理する **VariousConf.cpp**

```
000: #include "VariousConf.h"
001:
002: VariousConf::VariousConf()
003: {
004:
005: }
006: std::string VariousConf::getTimeNumStr(){
007:     std::ostringstream oss;
008:     time_t nowTime = time(nullptr);
009:     oss << nowTime;
010:     return oss.str();
011: }
012: std::string VariousConf::getDateTime(){
013:     // 現在日時を取得する
014:     time_t nowTime = time(nullptr);
015:     // 形式を変換する
016:     const tm* lTime = localtime(&nowTime);
017:     std::ostringstream oss;
018:     oss << 20
019:        << lTime->tm_year-100
020:        << "-"
021:        << std::setw(2)
022:        << std::setfill('0')
023:        <<lTime->tm_mon+1
024:        << "-"
025:        << std::setw(2)
026:        << std::setfill('0')
027:        << lTime->tm_mday
028:        << " "
029:        << std::setw(2)
030:        << std::setfill('0')
031:        << lTime->tm_hour
032:        << ":"
033:        << std::setw(2)
034:        << std::setfill('0')
035:        << lTime->tm_min
036:        << ":"
037:        << std::setw(2)
038:        << std::setfill('0')
039:        <<lTime->tm_sec;
040:     return oss.str();
041: }
```

とが多いかと思います．ちょっとした工夫の一例として参考にしてください．

2-4　通過物を数える

フォルダ名：CQIF151

■ こんなカメラ

ある特定の場所を何人が通過したのかをカウントします(**図1**)．特定の場所の通過人数を数えるには，カメラ映像全体で処理する必要はなく，画面上の1点を監視するだけでも十分です．変化を捉えれば，何者かの通過は確認できると考え，背景差分を応用した検知を行いました．しかし実際に1点だけの監視では，画像ノイズに対応できないため，画面中央に一定の幅を持ったエリアを設定して(**図2**)，通過人数を確認します．

● 注意点1：カメラは動かさない

廊下や建物，部屋の出入り口での使用を想定しています．また，背景差分を使用するため，設置場所に関わらず，ベースとなる背景画像は動きがないようにする必要があります．ラズベリー・パイのカメラは完全に固定してください．

● 注意点2：背景を工夫しておく

光の変化が激しい場所や，背景が白など1色の場合には，正確に背景データを取得できません．**図3**は壁と服の色が近いために認識しなかった例です．

図4は認識しやすい/認識しづらい背景の例です．**図4(a)**は通過の認識がしやすいです．**図4(b)**と**図4(c)**は，同じような色の服の際には反応しない場合があります．

● 操作方法

設置以外に特別な留意点はありません．プログラムは任意の

(a) 検出前

(b) 検出中

図1　背景差分の技術で「ある場所を通過した人数」をカウントする

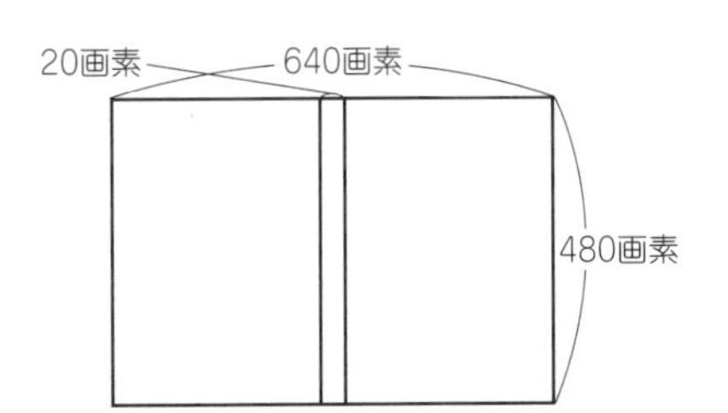

図2　検出エリアを画面の中央に設けた

図3　検出されなかったとき
カラー画像を下記URLで確認できます.
https://interface.cqpub.co.jp/rpicamera02/

キーを押すことで終了します.

■ 用途

通過をカウントするだけのカメラですが,映像だけでカウントする手法はシンプルで,場所もそれほど選びません.さまざまなシチュエーションで使用できそうです.

生産ラインに取り付ければ,ラインを流れる製品の生産数も確認できそうです.

施設や学校の入場者ゲートに付けてもよさそうです.

■ プログラムの流れ

プログラムの流れを以下に示します.

● 1…カメラ画像を取得

通常の手順でカメラ映像を取得します.

● 2…判定エリアをトリミングする

*X*軸中心から左右10ピクセルを判定エリアとして設定します.

● 3…判定エリアに対して背景の差分をとる

1-12で使用したMOG2アルゴリズムを使って,背景差分処理を行っています.

● 4…背景差分の結果をしきい値で2値化する

きれいな2値画像ではなく,差分に対して明確な分類をしたいので,大津アルゴリズム(`THRESH_OTSU`)を使用せずに,固定のしきい値で2値化処理を行っています.設置場所の条件によっては,200以外の数値に変更する必要があるかもしれません.判定精度を確認しながら調整してください.

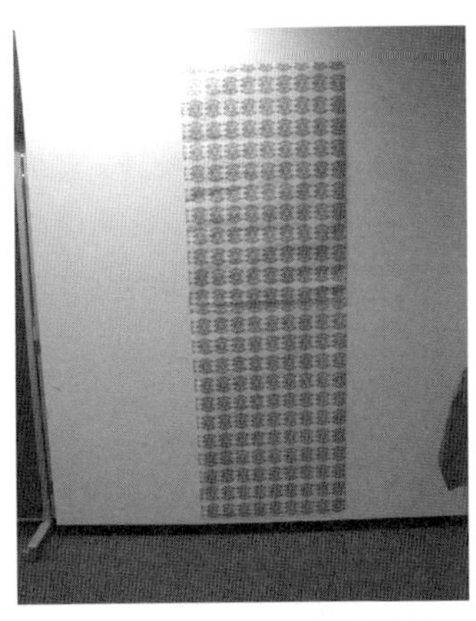

（a）CQ出版にあった書籍の包装紙…
珍しい柄なので検出しやすい

（b）ブルーシートを敷いてみた…
青い洋服のときは検出しづらい

（c）白い壁…白い洋服のときは
検出しづらい

図4　背景によって検出しやすさは変わる

● 5…判定エリアの白色率を計算する

トリミングした判定エリア内の，*Y*軸方向の中心点から上下50ピクセルに対し，白色率を計算します．このような判定範囲としたのは中心部分だけ確認すれば通過判定には十分と考えたためです．身長にばらつきがあるため上側の背景差分は発生する可能性が低くなります．

● 6…白色の差分率が一定以上あればカウントアップする

背景差分が一定量以上発生すれば物体が侵入
→そこから一定量以下まで減ったら通過

と判断して，カウントアップする処理となります．

この繰り返しで，画面に表示される合計カウントが通過数となります．ただし，この判定は人が重なって通過した際には正確にカウントアップできない場合もあります．また，左右どちらから来たかも判定していません，単純に，一方から来て，もう一方へ出て行ったことを判定します．

■ 使用するプログラム

● リンク・ファイル

```
opencv_core,opencv_highgui,opencv_imgproc,opencv_imgcodecs,opencv_objdetect,opencv_video,opencv_videoio,raspicam,raspicam_cv
```

● プログラムの構成

プログラムは以下で構成されます．

- CQIF151.cpp…プログラムのメイン処理とビデオ映像の取り込み，画像加工と描画，カウント判定処理

■ プログラム詳細

● 背景差分アルゴリズムの指定

プログラムCQIF151.cppを**リスト1**に示します.

▶行番号031

このテーマでは，背景差分アルゴリズムにMOG2を使っています．背景アルゴリズムの詳しい解説は，1-12の「背景差分を使用した画像認識」をご確認ください.

● 判定エリアの指定

▶行番号038〜041

判定には画面全体の情報は必要ありませんので，必要なエリアだけを切り取って処理しています．また，処理エリアを限定することで処理速度改善にも効果があります.

*X*軸方向中心から左右10ピクセルをトリミングして，この切り取った画像に対して判定処理を行っています.

● 判定エリア内の白色率の計算

▶行番号061〜076

判定エリアでは背景差分画像の変化量を確認して，一定の変化量があれば対象エリアに侵入物があったと判断します．判定エリアとして，トリミングで*X*軸方向20ピクセルの縦長で細い四角のエリアが取り出します．さらに*Y*軸方向中心から上下50ピクセルに範囲を絞っています.

ゲートを通過する人の数をカウントする前提で設定していますので，ここで指定した範囲であれば必ず体が通過して，一定量以上の変化量があると考えて設定しています.

変化量は，対象エリアの全座標を確認して，白(255)の値が何個あるかを数えて変化率として計算しています.

リスト1　プログラムのメイン処理CQIF151.cpp

```
000: #include <iostream>
001: #include <opencv2/opencv.hpp>
002: #include <raspicam/raspicam_cv.h>
003:
004: int whiteRate(cv::Mat mask);
005: int passersby(int rate);
006: void showCount(cv::Mat& img, std::string str);
007: static int passersbyCount;
008: static int startRate=0, throughCount;
009:
010: int main()
011: {
012:     const cv::String windowName = "CameraView";
013:     int width = 480, height = 320;
014:     cv::Mat srcImg, mask, gray;
015:     cv::Mat dstImg(cv::Size(width, height), CV_8UC3,
                                   cv::Scalar(255, 255, 255));
016:     cv::Mat zeroMask = cv::Mat::zeros(cv::Size(width,
                                          height), CV_8UC1);
017:
018:     raspicam::RaspiCam_Cv cCap;
019:     cCap.set(cv::CAP_PROP_FORMAT, CV_8UC3);
020:     cCap.set(cv::CAP_PROP_FRAME_WIDTH, width);
021:     cCap.set(cv::CAP_PROP_FRAME_HEIGHT, height);
022:
023:     if (!cCap.open()){
024:         std::cout << "Error opening the camera" <<
                                                  std::endl;
025:         return -1;
026:     }
027:
028:
029:     cv::namedWindow(windowName, cv::WINDOW_AUTOSIZE |
                                       cv::WINDOW_KEEPRATIO);
030:     cv::moveWindow(windowName, 0, -28);
031:     cv::Ptr<cv::BackgroundSubtractor> bgSub =
                     cv::createBackgroundSubtractorMOG2();
032:     cv::Point point[2];
033:
034:     while(true){
035:         cCap.grab();
036:         cCap.retrieve(srcImg);
037:
038:         point[0] = cv::Point(srcImg.cols/2 - 10, 0);
039:         point[1] = cv::Point(srcImg.cols/2 + 10,
                                             srcImg.rows);
040:         cv::rectangle(srcImg, point[0], point[1],
                        cv::Scalar::all(255), 1, cv::LINE_AA);
041:         cv::Mat bgBsce(srcImg, cv::Rect(point[0],point
                                                     [1]));
042:
043:         bgSub->apply(bgBsce, mask, true ? -1 : 0);
```

```
044:         cv::threshold(mask, mask, 200, 255,
                                             cv::THRESH_BINARY);
045:
046:         throughCount = passersby(whiteRate(mask));
047:         std::string str = (throughCount > 1) ? "
                                         persons" : " person";
048:         std::ostringstream oss;
049:         oss << throughCount << str;
050:
051:         mask.copyTo(zeroMask(cv::Rect(point[0],point
                                                      [1])));
052:         dstImg.copyTo(srcImg, zeroMask);
053:
054:         showCount(srcImg, oss.str());
055:
056:         cv::imshow(windowName, srcImg);
057:         if(cv::waitKey(30) >=0) break;
058:     }
059:     return 0;
060: }
061: int whiteRate(cv::Mat mask){
062:     int whiteBit=0;
063:     int count=0;
064:     int centerHeight = mask.rows/2;
065:     int scopeBit = 0;
066:
067:     for(int y = centerHeight-scopeBit; y <=
                               centerHeight+scopeBit; y++){
068:         for(int x=0; x <=mask.cols; x++){
069:             count++;
070:             if(mask.at<uchar>(y,x) == 255){
071:                 whiteBit++;
072:             }
073:         }
074:     }
075:     return static_cast<int>(((static_cast<double>
                                   (whiteBit)/count)*100));
076: }
077: int passersby(int rate){
078:     if(rate > 50 && startRate == 0){
079:         startRate = rate;
080:     }
081:     if(rate < 20 && startRate > 50){
082:         passersbyCount++;
083:         startRate = 0;
084:     }
085:     return passersbyCount;
086: }
087: void showCount(cv::Mat& img, std::string str){
088:     cv::Mat overlay;
089:     double alpha = 0.5;
090:     //表示エリア
```

リスト1　プログラムのメイン処理CQIF151.cpp（つづき）

```
091:      img.copyTo(overlay);
092:      cv::rectangle(overlay, cv::Rect(5, 5, 110, 30),
                              cv::Scalar(192, 192, 192), -1);
093:      cv::addWeighted(overlay, alpha, img, 1-alpha, 0, img);
094:      cv::putText(img, str, cv::Point(10,25),
              cv::FONT_HERSHEY_PLAIN, 1, cv::Scalar::all(32), 1,
                                                  cv::LINE_AA);
095: }
```

● 人数カウント処理

上記の白色率によって侵入判断を行っていますが，変化量が一定量以上でカウントアップします．もし，設定した範囲内に人が滞在していると，カウント値がアップし続けることになります．これでは都合が悪いので，少し工夫して行番号077～086の条件でカウントアップするようにしています．

最初の条件で，背景だけの場合は変化率0％で，この状態から50％以上に変化したら侵入があったと判断しています．

次の条件では，変化率が50％以上になってから，20％以下に変化率が下がったら，ゲートから抜けたと判断して，人数のカウントアップを行っています．

▶判定できるとき/できないとき

判定の前提として，壁などがあり，背景を固定できることが前提です．背景が山や道路だと，木がさざめいたり，車が通過したりして，刻々と変化してしまうでしょうから，誤検出が増えるでしょう．

● ここがポイント

画面上に仮想のゲートを作り，そのゲートの通過を 判定してカウントしています.仮想のゲートを設け，画面中心の狭いエリアだけを処理（判定）対象とすることで，高速化を実現しています．

撮影対象物の少しの揺らぎ（風や日照による）をカウントしては困るので，実際に判定エリアのビット値 を監視して，一定以上の変化があった場合だけ，有効（変動あり）としています．

2-5 監視カメラを作る

フォルダ名：CQIF123

図1 カスケード分類器を利用して顔を検出する

■ 録画機能付き監視カメラを作る

実際に顔認識をやってみます．応用例としては人物だけに反応する監視カメラを作ります．撮影した画像中に人の顔が認識されたら通知＆録画してくれます（**図1**）．

● 画像の中から特定の部位を取り出す

ここでは，「カスケード分類器」を利用しています．OpenCVに付属している`"haarcascade_frontal face_alt2.xml"`を使っています．その他の機能は「背景差分」と同じです．

分類器は多数提供されています．笑顔や口，目，自動車などのファイルもあるので，目的に合ったものを探せるかどうかがカギになります．

● フォルダに保存

1-12「背景差分」のようにカメラを厳密に固定する必要はありません．顔認識処理時には1フレームずつ確認していますので，1フレームぶんの映像が手ぶれ状態にならない程度の設置で十分です．なお，サンプル・コードでは，顔を検知した際に保存される場所は/home/pi/Videos/となります．

● 操作方法

監視カメラとしての特別な操作はありません．プログラムは任意のキーを押すことで終了します．

● 用途

顔認識を利用した監視カメラなので，基本的には人物だけに反応します．玄関カメラとしての使い方が適切だと思います．また，認識サイズを一定の大きさに限定しているので，カメラから距離のある人には反応しません．

ラズベリー・パイのGPIOピンと連動させて，人を認識したらアラームが鳴ったり，水鉄砲を発射したりすると侵入者を撃退できそうです．

■ プログラムの流れ

プログラムの流れを以下に示します．

● 1…カメラ画像を取得

通常の手順でカメラ映像を取得します．

● 2…カスケード分類器を読み出す

顔認識で使用するカスケード・ファイルを事前に読み込みます．カスケード分類器については，1-13で解説した

haarcascade_frontalface_alt2.xmlを今回も使っています.

● 3…取得フレーム映像に顔認証を実行する

フレーム映像ごとに顔認証を行いますが，このときに認識の最小サイズと最大サイズを大きめに設定することで，遠くの人物は認識せず，カメラの近くに写る人物の顔だけに反応するようにしています.

● 4…顔が見つかったら認証部分の座標を四角で囲む

顔認識を実行したときに取得できる顔位置の座標を利用して，映像上の顔部分を四角で囲みます．このときに認識する顔の数は限定されていませんので，配列を使ってデータを取得します.

● 5…顔認証で四角表示中は動画を作成する

顔認識実行時に取得する配列データを利用します. 配列にデータがあれば顔を認識したとして，認識中の映像を動画保存するようにしています.

● 6…顔認証の四角表示がなくなったら動画保存を一時停止

取得する映像から顔認識の配列データがなくなれば，一定時間後に動画保存は中断します.

● 7…区切りフレーム挿入

次の動画と区別が付くように，停止したフレームの後にブランク画像を挿入します.

● 8…再認識で動画追加作成

顔認識が検知されるたびにブランク画像の後に動画を追加します.

● 9…以降繰り返し

この後は，一時停止と顔認識時の動画保存プロセスの繰り返しとなります．繰り返し動作はプログラムが終了するまでエンドレスです．

● 10…プログラム終了で動画ファイル生成

プログラム終了で動画ファイルがクローズされ，通常の動画アプリケーションで閲覧可能になります．

■ 使用するプログラム

● リンク・ファイル

リンク・ファイルは以下です．

```
opencv_core,opencv_highgui,opencv_imgproc,opencv_imgcodecs,opencv_objdetect,opencv_video,opencv_videoio,raspicam,raspicam_cv
```

● プログラムの構成

プログラムは以下で構成されます．

- CQIF133.cpp…プログラムのメイン処理．ビデオ映像の取り込み表示，保存，VariousDisplay.cpp,VariousConfクラスの実行処理を行う
- VariousDisplay.cpp…カメラ映像上に描画するための各種処理
- VariousDisplay.h…ヘッダ・ファイル
- VariousConf.cpp…日時を管理する処理
- VariousConf.h…ヘッダ・ファイル

■ プログラム詳細

● 表示位置

プログラムCQIF133.cppを**リスト1**に示します．

画面レイアウトは3.5インチ・ディスプレイを対象としていますので，通常の外付けディスプレイで実行する場合は行番号25をコメント・アウトしてください．

● 保存する動画の形式

▶行番号035

保存する動画の形式は，拡張子.mp4，.avi，.wmv，.movが指定可能です．各拡張子に対応するコーデックの種類は，引き数の4つの文字の組み合わせで指定します．

サンプル・コードは拡張子が.aviの動画を保存していますが，.mp4の拡張子を持つMPEG動画にする場合は（'M'，'P'，'4'，"S'）または（'M'，'P'，'4'，'V'）とします．

● 動画の作成と保存

▶行番号042

`fileName`…保存先のパス名とファイル名
`fourcc`…動画形式の指定
`fps`…フレーム・レートの指定（1秒当たりのフレーム数）
`cv::Size(width, height)`…作成動画の縦横サイズ（ピクセル数）
`true`…カラー動画として書き込むかを指定（`false`で白黒）

今回は，フレーム・レートを5で設定していますが，状況に合わせて調整してください．

● 動画保存中のメッセージ

リスト1の行番号057と，**リスト2** `VariousDisplay.cpp`の行番号016～026が該当します．顔認識時の録画処理では，画面の左上にメッセージが表示されます．この表示は，録画映像には残されず録画中の画面だけにインフォーメーションとして表示されるだけです．

● カスケード分類器の指定

▶行番号026（リスト1）

コードで指定された場所にフォルダを作成し，その中にカスケード・ファイルを置いています．

● 顔認証時のサイズを設定

▶行番号050（リスト1）

認証の実行時にcv::Sizeで最小値，最大値を指定しています．ここでは，近くに来た場合だけに反応するように，画面サイズに応じて少し大きめにサイズを指定しています．

今回と異なる画面サイズで処理する場合は，画面サイズに合わせて編集してください．また，遠くの人物に対して顔認証したい場合は，cv::Size(100,100)をさらに少ない数値で設定してみてください．

● 顔の部分に四角を描画

▶行番号051～054（リスト1）

顔認証時に取得できる座標を繰り返し文を使って取り出しているだけの処理です．

行番号050の顔認証実行と照らし合わせて確認してください．faceの部分が座標データが格納されている部分です．この変数は（行番号038）でstd::vector <cv::Rect> faceとして宣言されています．

● 時間経過の処理

コード内には一定秒数の経過を確認する場所があります．**リスト3** VariousConf.cppの行番号007～012の部分で現在時刻を取得して処理しています．編集箇所は何もありませんので，参考としてご確認ください．

リスト1　メイン処理 CQIF133.cpp

```
000: #include <iostream>
001: #include <opencv2/opencv.hpp>
002: #include <raspicam/raspicam_cv.h>
003: #include "VariousConf.h"
004: #include "VariousDisplay.h"
005:
006: int main()
007: {
008:     const cv::String windowName = "RESULT_IMG";
009:     int width=480, height=320;
010:
011:     cv::Mat srcImg, dstImg, grayImg;
012:     cv::Mat blankImg(cv::Size(width, height), CV_8UC3,
                                        cv::Scalar::all(64));
013:
014:     cv::VideoWriter writer;
015:     raspicam::RaspiCam_Cv cCap;
016:     cCap.set(cv::CAP_PROP_FORMAT, CV_8UC3);
017:     cCap.set(cv::CAP_PROP_FRAME_WIDTH, width);
018:     cCap.set(cv::CAP_PROP_FRAME_HEIGHT, height);
019:     if (!cCap.open()){
020:         std::cout << "Error opening the camera" <<
                                                std::endl;
021:         return -1;
022:     }
023:
024:     cv::namedWindow(windowName, cv::WINDOW_AUTOSIZE |
                                       cv::WINDOW_KEEPRATIO);
025:     cv::moveWindow(windowName, 0, -28);
026:     std::string cascadeName =
            "../haarcascades/haarcascade_frontalface_alt2.xml";
027:     cv::CascadeClassifier cascade;
028:     if (!cascade.load(cascadeName)) {
029:         std::cout << "Caecade File Read Err" << std::endl;
030:         return 1;
031:     }
032:
033:     VariousConf vConf;
034:     cv::String fileName = "/home/pi/Videos/" +
                           vConf.getTimeNumStr() + ".avi";
035:     int fourcc = cv::VideoWriter::fourcc('M', 'J', 'P',
                                                      'G');
036:
037:     int timeNum = std::atoi(vConf.getTimeNumStr().c_str
());
038:     std::vector<cv::Rect> face;
039:
040:     int fps = 5;
041:     std::cout << fps << std::endl;
042:     writer.open(fileName, fourcc, fps, cv::Size(width,
                                           height), true);
043:
```

```
044:     VariousDisplay vDis;
045:     while(true){
046:         cCap.grab();
047:         cCap.retrieve(srcImg);
048:         dstImg = srcImg.clone();
049:         cv::cvtColor(dstImg, grayImg, cv::COLOR_BGR2GRAY);
050:         cascade.detectMultiScale(grayImg, face, 1.11, 3,
                    0, cv::Size(100, 100), cv::Size(300, 300));
051:         for(std::vector<cv::Rect>::iterator ite =
                       face.begin(); ite != face.end(); ite++){
052:             timeNum = std::atoi(vConf.getTimeNumStr
                                                  ().c_str());
053:             cv::rectangle(dstImg, *ite, cv::Scalar
                              (0,255,255), 1, cv::LINE_AA);
054:         }
055:         int progTime = atoi(vConf.getTimeNumStr().
                                                      c_str());
056:         if(timeNum + 5 > progTime){
057:             vDis.setRecSignal(dstImg);
058:             vDis.setTextMsg(srcImg,static_cast<cv::String>
                                        (vConf.getDateTime()));
059:             writer << srcImg;
060:             std::cout << "Write" << " " << timeNum + 5 <<
                     " " << vConf.getTimeNumStr() << std::endl;
061:         }
062:         else if(timeNum + 7 > progTime){
063:             writer << blankImg;
064:         }
065:         cv::imshow(windowName, dstImg);
066:         if (cv::waitKey(1) >= 0) break;
067:     }
068:     return 0;
069: }
```

必要なタイミングで呼び出して呼び出しタイミングの差分で経過時間を処理しています(**リスト1**，行番号055)．

● 動画に記録日時を書き込み

保存動画には，記録した日時を書き込んでいます．記録時に取得する現在日時情報は下記の場所で取得しています．編集箇所は何もありませんので，参考としてご覧ください(**リスト3**の行番号013～042)．

リスト2　カメラ映像上に描画するための処理 **VariousDisplay.cpp**

```
000: #include "VariousDisplay.h"
001:
002: VariousDisplay::VariousDisplay()
003: {
004:
005: }
006:
007: void VariousDisplay::setTextMsg(cv::Mat& img, cv::String
                                                          str){
008:     cv::Mat overlay, output;
009:     double alpha = 0.5;
010:     //表示エリア
011:     img.copyTo(overlay);
012:     cv::rectangle(overlay, cv::Rect(5, 5, 200, 30),
                               cv::Scalar(192, 192, 192), -1);
013:     cv::addWeighted(overlay, alpha, img, 1-alpha, 0, img);
014:     cv::putText(img, str, cv::Point(10,25),
             cv::FONT_HERSHEY_PLAIN, 1, cv::Scalar::all(32), 1,
                                                   cv::LINE_AA);
015: }
016: void VariousDisplay::setRecSignal(cv::Mat& img){
017:     cv::Mat overlay, output;
018:     double alpha = 0.3;
019:     //表示エリア
020:     img.copyTo(overlay);
021:     cv::rectangle(overlay, cv::Rect(5, 5, 70, 30),
                                      cv::Scalar::all(0), -1);
022:     cv::rectangle(overlay, cv::Rect(8, 8, 64, 24),
                                    cv::Scalar::all(192), -1);
023:     cv::circle(img, cv::Point(20,19), 5, cv::Scalar
                                            (64,64,255),-1);
024:     cv::addWeighted(overlay, alpha, img, 1-alpha, 0, img);
025:     cv::putText(img, "REC", cv::Point(30,24),
             cv::FONT_HERSHEY_PLAIN, 1, cv::Scalar::all(32), 1,
                                                   cv::LINE_AA);
026: }
```

● 実際の使用時には

今回はOpenCVに付属しているカスケード分類器を使用しただけのサンプル・コードなので，こちらでコントロールしている部分はほとんどありません．

本書では扱いませんが，自作したカスケード・ファイルや，公開されているカスケード・ファイルを本プログラムに差し替えるだけで，顔以外の対象物に特化させることも可能です．使用目的に応じた監視システムを考えてみてください．

リスト3　日時の管理 **VariousConf.cpp**

```
000: #include "VariousConf.h"
001:
002: VariousConf::VariousConf()
003: {
004:
005: }
006:
007: std::string VariousConf::getTimeNumStr(){
008:     std::ostringstream oss;
009:     time_t nowTime = time(nullptr);
010:     oss << nowTime;
011:     return oss.str();
012: }
013: std::string VariousConf::getDateTime(){
014:     //現在日時を取得する
015:     time_t nowTime = time(nullptr);
016:     //形式を変換する
017:     const tm* lTime = localtime(&nowTime);
018:     std::ostringstream oss;
019:     oss << 20
020:        << lTime->tm_year-100
021:        << "-"
022:        << std::setw(2)
023:        << std::setfill('0')
024:        <<lTime->tm_mon+1
025:        << "-"
026:        << std::setw(2)
027:        << std::setfill('0')
028:        << lTime->tm_mday
029:        << " "
030:        << std::setw(2)
031:        << std::setfill('0')
032:        << lTime->tm_hour
033:        << ":"
034:        << std::setw(2)
035:        << std::setfill('0')
036:        << lTime->tm_min
037:        << ":"
038:        << std::setw(2)
039:        << std::setfill('0')
040:        <<lTime->tm_sec;
041:     return oss.str();
042: }
```

● ここがポイント

やはり監視カメラとしては，遠くにいる人が偶然写って録画されても困るので，カメラの前に人が居る場合だけ録画したいです．

通常のカメラでは対象物までの距離を測ることはできませんので，ここでは顔認識時のサイズに着目し，一定の大きさ以上の場合は近くに人がいると判断しました．

◆参考文献◆

(1) 体の部位に関するカスケードファイル．
http://alereimondo.no-ip.org/OpenCV/34
(2) ペンのカスケード・ファイル．
http://opencvuser.blogspot.com/2011/08/creating-haar-cascade-classifier-aka.html

2-6　ターゲットの接近を検知する

フォルダ名：CQIF141

■ 接近検知カメラを作る

前方を走る車が，自車に近付いたことを通知してくれます（**図1**）．前項（2-5）の応用バージョンです．車の接近の検知以外は，ほとんどが前項と同じ処理になります．

（a）検出中

（b）検出前

図1　カスケード分類器を使って自動車を検出

カラー画像を下記URLで確認できます．
https://interface.cqpub.co.jp/rpicamera02/

写真1　ラズベリー・パイなら自動車に取り付けての走行テストも可能

図2　画面中央下の▲マークが走行レーンの中央になるように設置する

実際に車に取り付ける場合(**写真1**)には，画面下の▲マークが車線の中央になるように設置します(**図2**)．また，判定エリアも**図1**上部3ブロックの真ん中のブロックとしています．カメラの取り付け角度ですが，車のボンネットが下部ブロックに映り込まないように取り付けます．

ラズベリー・パイを実際に取り付けて確認するよりも，デジカメなどで撮影した動画を使って確認する方が多いと思います．その場合も同じような撮影条件になるようにします．

● 用途

車などの接近を知らせる実験的なプログラムです．自転車に乗る方や自動走行マシンを作る方には役立つかもしれません．ラズベリー・パイのGPIOを利用することで，何らかの外部機器と連動できれば，実用的な装置を作れるかもしれません．

● 操作方法

特別な操作は必要ありません．アプリは任意のキーを押すことで終了します．

● プログラムの動作確認について

実際にラズベリー・パイをカメラにセットして確認することは簡単にはできないでしょう．撮影動画による動作確認方法も後で紹介します．

■ プログラムの流れ

● 1…カメラ画像を取得

通常の手順でカメラ映像を取得します．

● 2…ターゲットを探すための分類器を読み出す

自動車認識で使用するカスケード・ファイルを事前に読み込みます．なお，このテーマで使用した車認識のカスケード分類器は，次のサイトから利用可能なファイルを使用させてもらいました．

```
http://www.cs.utah.edu/~turcsans/DUC/
http://www.cs.utah.edu/~turcsans/DUC_files/
HaarCascades/
```

図3　実際に自動車を検出しているエリア

● 3…動画保存開始

ドライブ・レコーダのようにカメラ映像を動画として撮り続けます.

● 4…ブロックラインとセンターマークを描画する

カメラ映像に上書きでセンターマークと縦横のブロックラインを描画しています(図2).

● 5…取得フレーム映像に自動車認証を実行する

フレーム映像ごとに自動車の認証を行います. このときに確認する範囲は車の正面に対してだけ検知すれば良いので, 上部中央のブロックだけを判定しています(図3).

● 6…自動車検知座標を確認する

検知した場合は, 座標エリアを取得してY軸方向の座標を取得します.

● 7…前車の接近を検知した場合は警告文を表示する

取得したY軸座標が, 判定エリアの下限を超えていたら対象

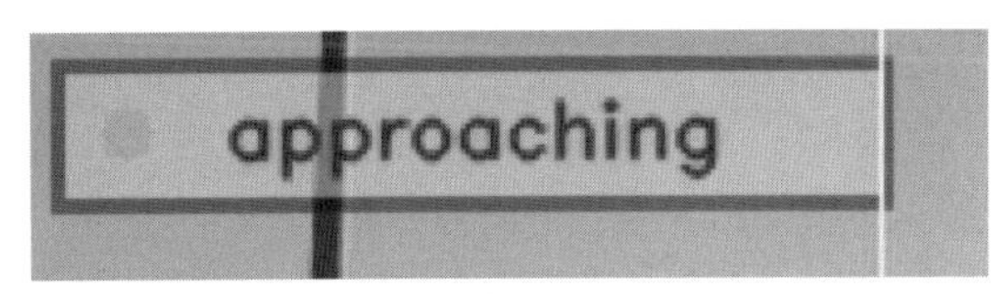

図4　接近を知らせる表示も用意した

の車を四角で囲み，画面左上の場所に文字で接近を表示します(図4).

● 8…以降繰り返し

映像に対するリアルタイム処理となりますので，プログラム終了までエンドレスで動作します.

■ 使用するプログラム

● リンク・ファイル

リンク・ファイルは以下です.

```
opencv_core,opencv_highgui,opencv_imgproc,opencv_imgcodecs,opencv_objdetect,opencv_video,opencv_videoio,raspicam,raspicam_cv
```

● 手持ち画像で動作確認したいとき

画面レイアウトは内蔵の3.5インチ・モニタを対象としていますが，動作確認のために何らかのビデオ・カメラで撮影済みの動画を利用する方は，ダウンロードした`CQIF141.cpp`を利用します.

● プログラムの構成

プログラムは以下で構成されます.

- `CQIF141cpp`…プログラムのメイン処理部分で，ビデオ映像の取り込み表示，`VariousDisplay`クラスの実行処理を行う

- VariousDisplay.cpp…カメラ映像上に描画するための各種処理を行う

● 保存する動画について

▶保存する動画の形式

監視カメラと同様です.

▶動画の作成と保存

監視カメラと同様です.

▶動画に記録する日時

監視カメラと同様です.

■ プログラム詳細

● ターゲットを探すカスケード分類器の指定

プログラムを**リスト1** CQIF141.cppの行番号031に示します. コードで指定されたフォルダを作成してその中にカスケード・ファイルを置いています.

● センタの▲マーク

画面中央下にある黄色い▲マークは以下のコードで表示しています.

▶行番号051(リスト1)

▶行番号036～044(リスト2, **VariousDisplay.cpp**)

`fillConvexPoly`(画像　線分の座標配列　頂点の数　色　線種)

3角形の描画にはポリゴンの描画関数を使って3点描画で3角形を表現しています. この関数を応用することで多角形の描画も簡単に作成することができます.

● 画面のグリッド表示

画面を6つに分割するラインは以下の箇所で設定しています.

▶行番号006～014（リスト2）

▶行番号061（リスト2）

▶行番号062（リスト2）

▶行番号026～029（リスト2）

この箇所は直線を引いているだけの処理となりますので，記述場所の説明だけにとどめます.

● 接近表示

接近表示は横線で指定した*Y*軸座標を越えたら接近したと定義しています.

▶行番号015～025（リスト2）

▶行番号046～063（リスト2）

基本的にカスケード分類器で検知した結果は四角で囲んだ範囲となりますので，四角の底部*Y*座標が画面の横線を越えた場合は接近していると判定して，**図2**のように枠線を表示しています.

● 検知精度について

本プログラムは製品を目的としたプログラムではありません.精度としてはそれほど高くはありません.

また，接近判定も画面上の座標位置に対して行っているだけなので，実際に距離が計測できているわけでもありません.

精度を上げるには，カメラ映像を使用したカスケード分類器だけではなく，他の処理も並行して検討する必要があります.

注1：ラズベリー・パイで使える深度センサ.
`https://www.asus.com/jp/3D-Sensor/Xtion-2/`

リスト1　メイン処理CQIF141.cpp

```
000: #include <iostream>
001: #include <opencv2/opencv.hpp>
002: #include <raspicam/raspicam_cv.h>
003: #include "VariousDisplay.h"
004: #include "VariousConf.h"
005:
006: int main()
007: {
008:     const cv::String windowName = "RESULT_IMG";
009:     int width=480, height=320;
010:
011:     cv::Mat srcImg, dstImg, grayImg, maskImg, backImg;
012:
013:     cv::VideoWriter writer;
014:
015:     raspicam::RaspiCam_Cv cCap;
016:     cCap.set(cv::CAP_PROP_FORMAT, CV_8UC3);
017:     cCap.set(cv::CAP_PROP_FRAME_WIDTH, width);
018:     cCap.set(cv::CAP_PROP_FRAME_HEIGHT, height);
019:     if (!cCap.open()){
020:         std::cout << "Error opening the camera" <<
                                                   std::endl;
021:         return -1;
022:     }
023:
024:     VariousConf vConf;
025:     cv::String fileName = "/home/pi/Videos" +
                             vConf.getTimeNumStr() + ".avi";
026:     int fourcc = cv::VideoWriter::fourcc('M', 'J', 'P',
                                                      'G');
027:     writer.open(fileName, fourcc, 30, cv::Size(width,
                                              height), true);
028:
029:     cv::namedWindow(windowName, cv::WINDOW_AUTOSIZE |
                                       cv::WINDOW_KEEPRATIO);
030:     cv::moveWindow(windowName, 0, -28);
031:     std::string cascadeName =
                  "../haarcascades/haarcascade_car_1.xml";
032:     //std::string cascadeName = "Cascade/cascade.xml";
033:     //std::string cascadeName = "Cascade/cars3.xml";
034:     cv::CascadeClassifier cascade;
035:     if (!cascade.load(cascadeName)) {
036:         std::cout << "Caecade File Read Err" << std::endl;
037:         return 1;
038:     }
039:
040:     VariousDisplay vDis;
041:
042:     while(true){
043:
044:         cCap.grab();
045:         cCap.retrieve(srcImg);
```

```
046:
047:            dstImg = srcImg.clone();
048:            vDis.findCarBody(dstImg, cascade);
049:            vDis.setTextMsg(dstImg, static_cast<cv::String>
                                    (vConf.getDateTime()));
050:            writer << srcImg;
051:            vDis.setCenterMark(dstImg);
052:            cv::imshow(windowName, dstImg);
053:
054:            if (cv::waitKey(1) >= 0) break;
055:        }
056:
057:        return 0;
058: }
```

例えば，今回はテーマとして扱いませんが，深度センサ注1と組み合わせることで物体検知と対象物までの距離は高精度で検知可能になります．

● ここがポイント

こちらも対象物に対する距離を測れないので車認識の四角形の底辺の位置で距離を判定していることと，正面の車に対してできるだけ反応するように，画面中央上部分だけを検知対象として，それ以外の場所は車があっても認識しないように処理しました．

リスト2　カメラ映像上に描画するための各種処理VariousDisplay.cpp

```
000: #include "VariousDisplay.h"
001:
002: VariousDisplay::VariousDisplay()
003: {
004:
005: }
006: void VariousDisplay::setTextMsg(cv::Mat& img,
                                              cv::String str){
007:     cv::Mat overlay, output;
008:     double alpha = 0.5;
009:     //表示エリア
010:     img.copyTo(overlay);
011:     cv::rectangle(overlay, cv::Rect(5, 5, 200, 30),
                              cv::Scalar(192, 192, 192), -1);
012:     cv::addWeighted(overlay, alpha, img, 1-alpha, 0, img);
013:     cv::putText(img, str, cv::Point(10,25),
             cv::FONT_HERSHEY_PLAIN, 1, cv::Scalar::all(32), 1,
                                                 cv::LINE_AA);
014: }
015: void VariousDisplay::setSignal(cv::Mat& img){
016:     cv::Mat overlay, output;
017:     double alpha = 0.5;
018:     //表示エリア
019:     img.copyTo(overlay);
020:     cv::rectangle(overlay, cv::Rect(5, 5, 170, 30),
                                   cv::Scalar::all(0), -1);
021:     cv::rectangle(overlay, cv::Rect(8, 8, 164, 24),
                                 cv::Scalar::all(192), -1);
022:     cv::circle(img, cv::Point(20,19), 5, cv::Scalar
                                         (64,64,255),-1);
023:     cv::addWeighted(overlay, alpha, img, 1-alpha, 0, img);
024:     cv::putText(img, "approaching", cv::Point(40,24),
             cv::FONT_HERSHEY_PLAIN, 1, cv::Scalar::all(32), 1,
                                                 cv::LINE_AA);
025: }
026: void VariousDisplay::setDistanceLine(cv::Mat& img){
027:     int fiftyMetersLine = img.rows * distanceLine;
028:     cv::line(img, cv::Point(0, fiftyMetersLine), cv::Point
         (img.cols, fiftyMetersLine), cv::Scalar(0,255,255),1);
029: }
030: void VariousDisplay::setMyLine(cv::Mat& img){
031:     int leftLine  = img.cols * leftBorder;
032:     int rightLine = img.cols * rightBorder;
033:     cv::line(img, cv::Point(leftLine,  0), cv::Point
               (leftLine,  img.cols), cv::Scalar(0,255,255),1);
034:     cv::line(img, cv::Point(rightLine, 0), cv::Point
               (rightLine, img.cols), cv::Scalar(0,255,255),1);
035: }
036: void VariousDisplay::setCenterMark(cv::Mat& img){
037:     int centerX = img.cols/2;
038:     int height = img.rows;
039:     cv::Point pt[3];
```

```
040:     pt[0] = cv::Point(centerX, height - 10);
041:     pt[1] = cv::Point(centerX+5, height);
042:     pt[2] = cv::Point(centerX-5, height);
043:     cv::fillConvexPoly(img, pt, 3, cv::Scalar
                                      (0, 255, 255), 1);
044: }
045:
046: void VariousDisplay::findCarBody(cv::Mat& img,
                            cv::CascadeClassifier cascade){
047:     std::vector<cv::Rect> face;
048:     cv::Mat roi, grayImg;
049:     cv::Rect rect(cv::Point(img.cols * leftBorder ,0),
         cv::Size(img.cols - img.cols * rightBorder,img.rows));
050:     roi = img(rect);
051:     cv::cvtColor(roi, grayImg, cv::COLOR_BGR2GRAY);
052:     cascade.detectMultiScale(grayImg, face, 1.1, 3, 0,
                         cv::Size(50, 50), cv::Size(150, 150));
053:     for(std::vector<cv::Rect>::iterator ite = face.begin
                           (); ite != face.end(); ite++){
054:         int border = ite->y + ite->height;
055:         if(img.rows * distanceLine < border){
056:             ite->x = ite->x + img.cols * leftBorder;
057:             cv::rectangle(img, *ite, cv::Scalar
                             (0,255,255), 1, cv::LINE_AA);
058:             setSignal(img);
059:         }
060:     }
061:     setDistanceLine(img);
062:     setMyLine(img);
063: }
064: void VariousDisplay::myRoadMask(cv::Mat& mask){
065:     int width = mask.cols;
066:     int height = mask.rows;
067:     cv::Point pt[6];
068:     pt[0] = cv::Point(width*0.4 , height*0.50);
069:     pt[1] = cv::Point(width*0.6 , height*0.50);
070:     pt[2] = cv::Point(width*0.6 , height*0.68);
071:     pt[3] = cv::Point(width*0.9 , height*0.95);
072:     pt[4] = cv::Point(width*0.1 , height*0.95);
073:     pt[5] = cv::Point(width*0.4 , height*0.68);
074:     cv::fillConvexPoly(mask, pt, 6,
                                 cv::Scalar::all(255) , 1);
075:     mask =~ mask;
076: }
```

2-7　人数を数える

フォルダ名：CQIF152

こんなカメラ

人数を数えると同時に顔部分をぼかして表示する処理を紹介します（**図1**）．顔認識を使って，顔を四角で囲む処理ではよく見ますが，ここでは人数を数えて顔の部分だけをぼかして個人を特定できないようにしました．

今回は正面顔のカスケード・ファイルを使っている関係で，横顔，斜め顔は認識しませんが，全員カメラを見ているような集合写真に使えます．

本テーマは，別画面を開いて処理しますので，外付け3.5インチ・ディスプレイではなく，通常のPC用モニタでご使用ください．

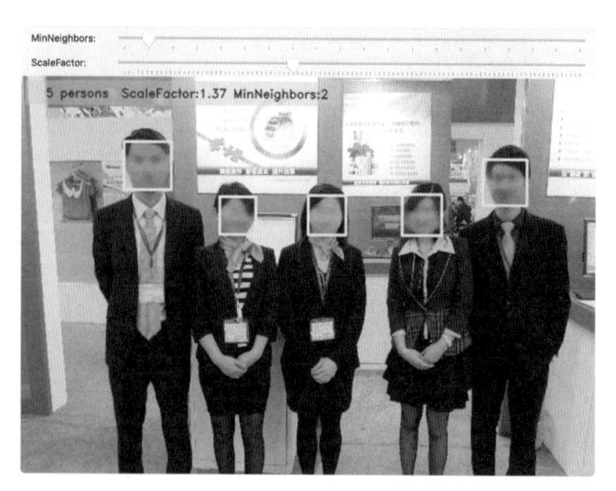

図1　人の顔を見つけて数を数える

● 用途

顔認識にはOpenCV同梱のファイルを使っています．サンプル・コードでは，正面顔の認識となりますので，集合写真で全員がカメラを向いているような状態での利用に向いています．

横顔，斜め顔などに対応しているカスケード・ファイルを用意できれば，展示会場などの人数確認にも使用できそうです．個人でカスケード・ファイルを作成するのは困難かもしれませんが，応用範囲を広げて確認したいと考えている方は，自作カスケード・ファイルづくりに挑戦してみてください．差し替えるだけで，サンプル・コードはそのまま使えます．

● 操作

カメラ映像をクリックすると，スクリーンショット画像が顔認識された状態で表示されます．画面上部に，顔認証のパラメータ調整スライダが付いていますので，顔認識状況を調整する場合は，このスライダを利用します．

スライダの表示は**図2**のように，PCとラズベリー・パイとではUIに違いがあります．ラズベリー・パイではスライダ位置が数値で表記される関係で，画面上に表示されるしきい値と1目盛りぶんズレが生じてしまいますが，プログラム上は画面の値が正しいしきい値となります[注1]．

■ プログラムの流れ

プログラムの流れを以下に示します．

● 1…カメラ画像を取得

通常の手順でカメラ映像を取得します．

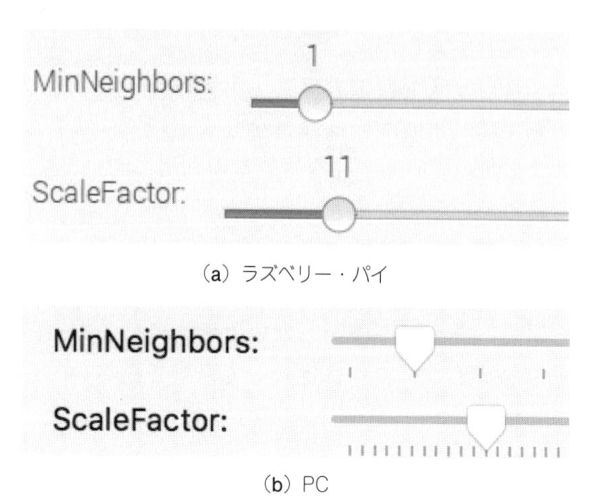

（a）ラズベリー・パイ

（b）PC

図2　スライダの表示はPCとラズパイでUIに違いがある

● 2…カメラ映像画面をクリック

人数を確認したい画面でマウスをクリックすると，スクリーンショット画面が別画面で開く動作を開始します．

● 3…パラメータの初期値を設定

パラメータは後で変更可能な仕様のため，ここでいったん初期値をセットしておきます．

● 4…認識実行

プログラム処理上はスクリーンショット表示前に行われる処理です．顔認証には「haarcascade_frontalface_alt2.xml」を使っているため，基本的に正面顔に対する認証となります．

間隔を空けて立っている人を数える場合は，代わりに「haarcascade_fullbody.xml」を使用することで可能になります（図3）．

図3　間隔を空けて立っている人を数える場合は**haarcascade_fullbody.xml**を使用する

● 5…人数を数える

人数確認は`detectMultiScale()`を実行したときの戻り値で，認証エリア数が分かるので，エリア数を数えるだけの処理です．

● 6…ぼかしたい顔部分のマスク画像を作成

顔認証で認証された座標を使い，マスク画を作成します(**図4**)．このマスク画を使って，この後のぼかし画を合成することで，顔部分だけのぼかし処理を実現しています．

● 7…ぼかし画像の作成

ぼかし処理そのものはコピーした画像を使って画面全体にぼかし処理をかけています(**図5**)．

● 8…表示画像とぼかし画像をマスク処理で合成

マスク画の白い部分に，ぼかした顔部分だけが入り，黒い部

図4　顔認証で認証された座標を使いマスク画を作成する

図5　ぼかし処理そのものはコピーした画像を使って画面全体にぼかし処理をかけている

分にスクリーンショットの表示画像が入ります．合成されて**図1**の画像が生成されます．

● 9…認識完了画面を表示

スクリーンショット画面は，実際にはここで表示されます．顔認証が成功していれば，顔部分に四角で囲まれた線が表示されていて，同時に画面左上に，認識した人数も表示されます．

● 10…最もうまく認識できるパラメータに

デフォルトの設定で顔認識に失敗した場合，スライダ（**図2**）を調整することでdetectMultiScale()に渡すパラメータを変更して再表示できます．もっとも認識がうまく行えるパラメータを探します．

■ 使用するプログラム

● リンク・ファイル

リンク・ファイルは以下です．

```
opencv_core,opencv_highgui,opencv_imgproc,opencv_imgcodecs,opencv_objdetect,raspicam,raspicam_cv
```

● プログラムの構成

プログラムは以下で構成されます．

- CQIF152.cpp…プログラムのメイン処理とビデオ映像の取り込み，マウス・イベント，画像加工と描画，顔認識処理を行う

■ プログラム詳細

● ターゲットを探す顔認証カスケード分類器の指定

プログラム CQIF152.cppを**リスト1**に示します．

▶行番号028

処理としては通常の顔認証です．必要なカスケード・ファイルをここで指定してください．

● スライダの設定

▶行番号082 ～ 084

第5引き数のthresh_callback（082行）とthresh_callback（083行目）は，スライダを動作させたときに呼び出すメソッドを指定します．スライダの追加を2つ記述すると，実行画面の

リスト1　メイン処理 CQIF152.cpp

```
000: #include <iostream>
001: #include <opencv2/opencv.hpp>
002: #include <raspicam/raspicam_cv.h>
003:
004: void show(cv::Mat& src ,cv::Mat& dst);
005: void showFacesCount(cv::Mat& img, cv::String str);
006: void thresh_callback(int pos, void* userdata);
007: void mouseCallback( int event, int x, int y, int flags,
                                             void* userdata);
008:
009: static cv::Mat srcImg, dstImg, rstImg;
010: static int thresh1, thresh2;
011: const cv::String windowResult = "ResultView";
012: static cv::CascadeClassifier cascade;
013: int main() {
014:     const cv::String windowName = "CameraView";
015:     int width = 640, height = 480;
016:     raspicam::RaspiCam_Cv cCap;
017:     cCap.set(cv::CAP_PROP_FORMAT, CV_8UC3);
018:     cCap.set(cv::CAP_PROP_FRAME_WIDTH, width);
019:     cCap.set(cv::CAP_PROP_FRAME_HEIGHT, height);
020:     if (!cCap.open()){
021:         std::cout << "Error opening the camera" <<
                                                   std::endl;
022:         return -1;
023:     }
024:     cv::namedWindow(windowName, cv::WINDOW_AUTOSIZE |
                                      cv::WINDOW_KEEPRATIO);
025:     thresh1 = 1;
026:     thresh2 = 11;
027:     cv::setMouseCallback(windowName, mouseCallback, 0);
028:     cascade.load
          ("../haarcascades/haarcascade_frontalface_alt2.xml");
029:     while(true){
030:         cCap.grab();
031:         cCap.retrieve(srcImg);
032:         cv::imshow(windowName, srcImg);
033:         if(cv::waitKey(30) >=0) break;
034:     }
035:     return 0;
036: }
037:
038: void show(cv::Mat& src ,cv::Mat& dst){
039:     cv::Mat gray, filterImg;
040:     dst = src.clone();
041:     double sfThresh;
042:     std::vector<cv::Rect> faces;
043:     cv::cvtColor(dst, gray, cv::COLOR_BGR2GRAY);
044:     cv::Mat zeroMask = cv::Mat::zeros(cv::Size(dst.cols,
                                        dst.rows), CV_8UC1);
045:
046:     thresh2 = (thresh2 == 0) ? 1 : thresh2;
```

```
047:     sfThresh = (static_cast<double>(thresh2 + 100)/100);
048:     cascade.detectMultiScale(gray, faces, sfThresh ,
                                                 thresh1 + 1, 0);
049:     int count = 0;
050:     for(std::vector<cv::Rect>::iterator ite = faces.begin
                                 (); ite != faces.end(); ite++){
051:         count++;
052:         cv::rectangle(zeroMask, *ite, cv::Scalar::all
                                      (255), -1, cv::LINE_AA);
053:     }
054:     cv::medianBlur(dst, filterImg, 31);
055:     filterImg.copyTo(dst, zeroMask);
056:     for(std::vector<cv::Rect>::iterator ite = faces.begin
                                 (); ite != faces.end(); ite++){
057:         cv::rectangle(dst, *ite, cv::Scalar(0, 255, 255),
                                                 2, cv::LINE_AA);
058:     }
059:     std::string str = (count > 1) ? " persons" : "person";
060:     std::ostringstream oss;
061:     oss << count << str << "  ScaleFactor:"<< sfThresh <<
                                " MinNeighbors:" << thresh1 + 1;
062:     showFacesCount(dst, oss.str());
063: }
064: void showFacesCount(cv::Mat& img, cv::String str){
065:     cv::Mat overlay, output;
066:     double alpha = 0.5;
067:     //表示エリア
068:     img.copyTo(overlay);
069:     cv::rectangle(overlay, cv::Rect(5, 5, 400, 30),
                                 cv::Scalar(192, 192, 192), -1);
070:     cv::addWeighted(overlay, alpha, img, 1-alpha, 0, img);
071:     cv::putText(img, str, cv::Point(30,25),
             cv::FONT_HERSHEY_PLAIN, 1, cv::Scalar::all(32), 1,
                                                    cv::LINE_AA);
072: }
073:
074: void thresh_callback(int pos, void* userdata){
075:     show(dstImg, rstImg);
076:     cv::imshow(windowResult, rstImg);
077: }
078: void mouseCallback( int event, int x, int y, int flags,
                                              void* userdata){
079:     if(event == cv::EVENT_FLAG_LBUTTON){
080:         dstImg = srcImg.clone();
081:         cv::namedWindow(windowResult);
082:         cv::createTrackbar("MinNeighbors:", windowResult,
                                 &thresh1, 19, thresh_callback);
083:         cv::createTrackbar("ScaleFactor:", windowResult,
                                &thresh2, 100, thresh_callback);
084:         thresh_callback(0, 0);
085:     }
086: }
```

ように縦に2つのスライダを並べて使用できるようになります．

thresh_callback(0,0)は，初期値を設定してメソッドを呼び出していますが，呼び出されたメソッド自体も，引き数に対して何も処理していません．

● 人数カウント

▶行番号048

第2引き数に認証部分の座標が配列として格納され，この配列数を確認することで人数をカウントしています．実際には下記マスク処理の部分のループでカウントしています．

● 顔部分のマスク処理

マスク処理の詳細は1-7「色によるマスク処理」の項目でご確認ください．

▶行番号050～053

顔認証部分の座標を取得して，マスク画を生成しています．この処理を行うことで，顔部分が白く，その他は黒く塗り分けられます．

● ぼかし処理とマスク合成

ぼかし処理の詳細は，1-4「画像をぼかす平滑化」の項目をご確認ください．

▶行番号054～055

medianBlur()でぼかし処理を行い，copyTo()を使ってぼかし画像，スクリーンショット画像，マスク画像の合成を行い，顔部分だけをぼかした画像を生成しています．

このテーマはカスケード分類器を使用したプログラムとしては，特徴のない内容となっていますが，スライダ機能をつけたことで，いろいろな場面に対応できるようになっています．

また，しきい値を自由に変更できることから，カスケード・ファイルを差し替えて，認証の対象を顔以外にもできます．

カスケード分類器を使用したプログラムは，しきい値の設定に苦労するので，このアプリでいろいろと実験してみてください．

● ここがポイント

通常なら，認識した場所に対して，それぞれぼかし処理を行いそうです．もちろんそれでも問題ありませんが，ここでは別の方法を用いて，顔に対してぼかし処理をしていることに注目してください．

ここでは「全体をぼかし処理した画像」を別画像として用意して，顔認証部分をマスク処理後に，元画像とぼかし画像を合成して，あたかも顔認証部分だけにぼかし処理を施したように見せています．

2-8　文字や数字を見つける

フォルダ名：CQIF161

■ こんなカメラ

● 自分の用意した基準画像と合うものを撮影画像から探す

テンプレート・マッチングは，取得した画像中から，テンプレート画像と最も類似する箇所を探索する処理です．形状がはっきり定まっているものを画像中から探すのに向いています．ネジ，チップ抵抗，将棋の駒，人の顔などが考えられます．カメラに写るサイズが決まっていると，CPUへの負荷が少なくてすみます．

● ポイント

ここでは車のナンバーを読み取ります（**図1**）．車のナンバーを読み取る方法はいろいろあると思いますが，ここではテンプレート・マッチングを応用します．読み取るのはナンバープレート中の4桁の数字だけとしています．

ナンバープレートから文字を認識するには，高い計算能力を持ったCPUと高度なアルゴリズムを必要とし，それなりの機器を必要とします．本テーマはラズベリー・パイを前提としたプログラム構成となっていますので，「こんな方法でここまでできるのか」程度に読んでいただければ幸いです．

このテーマは，実現するためのアイデアに最も苦労しました．本来なら，機械学習での処理を考えるところでしょうが，ナンバープレートは基本的に同じフォントを使っていることに注目して，同じ形状の数字を用意すればテンプレート・マッチングで検出できると考えて，数字画像を画像編集ソフトウェアで地道に作成して認識処理を実現しました．

（a）走行中の自動車を撮影する

（b）ナンバープレートの位置は手作業で指定する

（c）認識中

3 4 0 3

（d）認識結果

図1　テンプレート・マッチングで車のナンバーを認識させてみる

● 動かし方

数字の読み取りに解像度の高い画像が必要なので，XGA（1024 × 768）以上の解像度で動作させます．

操作方法は次の通りです．

①動画再生時にマウスの左クリックで画面をキャプチャします
②静止画内の検出したいナンバープレートを左ボタンのドラッグ操作で指定します
③ナンバープレート指定後Enterキー（Returnキー）を押すと，別画面で2値画像が表示されます．
④2値画像を基に読み取った数字を別画面で表示します．
⑤プログラムの終了はEnterキー（Returnキー）以外（スペースキーなど）の操作で終了します．

ここでは走行中の車に搭載するドライブ・レコーダ的な仕様ではなく，あらかじめ動画を用意して，そこからナンバーを読み取ることを前提としています.

■ 用途

ナンバープレートを読み取る技術は，さまざまな場面で役に立ちそうです．最近では駐車場の入出場管理によく使われるようになりました.

ナンバープレート以外の文字全般を扱うとなると，プログラム自体も大掛かりとなり，このテーマだけで書籍1冊分になりそうです．文字認識を手軽に扱うには「Cloud Vision API」を利用する方法もあります．こちらは今回のテーマから外れますが，興味のある方は以下のサイトで確認できます.

```
https://cloud.google.com/vision/docs/
```

■ プログラムの流れ

プログラムの流れを以下に示します.

● 1…ビデオ映像を取得

通常の手順でビデオ映像を取得します．ビデオ・カメラで撮影済みの映像を使用することもできます.

● 2…マウス・イベントを設定

本プログラムはマウス・イベント後の処理がメインとなり，メイン・ループでは映像の表示だけを実行しています.

● 3…マウス左クリックで映像をキャプチャして表示する

映像を左クリックすることで，別のウィンドウが表示され，クリック時点の静止画が画面に表示されます．この画像を使ってナンバー検知を行います.

4…キャプチャ画面からナンバープレートを選択してEnterキーを押す

キャプチャ画面内の調べたいナンバープレート部分を左ボタンでドラッグして**図2**のように範囲を指定します．指定する範囲はナンバープレートの外枠ぎりぎりの長方形としてください．ナンバープレートとの形状が極端に違うと検出に失敗します．

指定後にキーボードのEnterキーを押すことで指定範囲を切り取る処理が開始されます．

5…選択した画像をトリミングする

上記手順でEnterキーを押した後，確認用画像として指定画像が切り取られます．

6…0～9の数字画像のJPEGファイルを読み出す

筆者提供プログラムのプロジェクト内に0～9の数値を画像化したファイルが用意されています(**図3**)．この画像はナンバープレートと同じ形状(フォント)で作成してあり，この番号ファイルと切り取った画像のナンバー部分を比較します．比較するために，ここで画像を読み込んでおきます．

7…ナンバープレート基準画像用の`plate.jpg`ファイルを読み出す

基準画像(**図4**)とは，ナンバープレートと同じ縦横比で作成

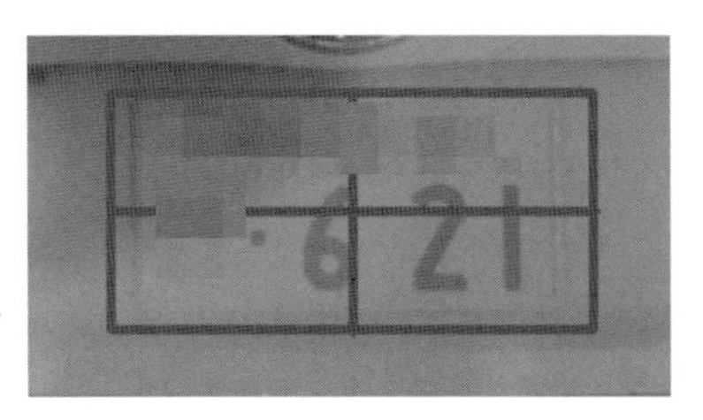

図2　キャプチャ画面からナンバープレートを選択してEnterキーを押す

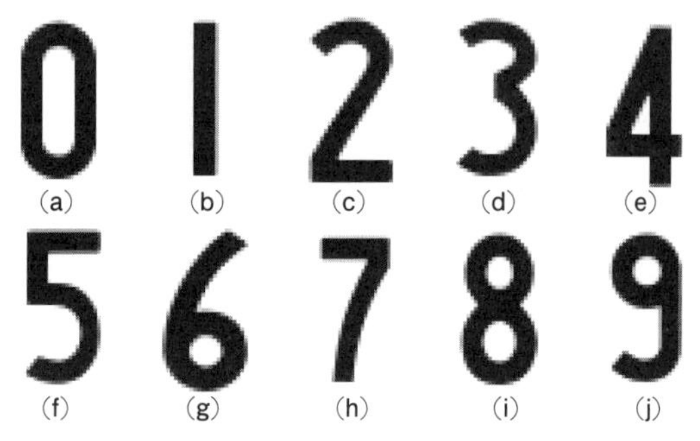

図3　筆者提供プログラムのプロジェクト内に0～9の数値を画像化したファイルが用意されている

した画像ファイルのことで，四角のサイズ取得のために使用され，切り取ったナンバープレートと比較するために使用します．

● 8…トリミングしたナンバープレート画像を基準画像のサイズに合わせる

基準画像と同じ大きさになるようにトリミングしたナンバープレート画像を縮小拡大します．もし，ナンバープレートが正方形に切り取られていたら，縮小拡大時の画像が変形した画像となり，先に読み込んだ数値画像とのマッチングに失敗します．

● 9…大津アルゴリズムでナンバープレート画像を2値化して3チャネル・グレー・スケールに変換する

ナンバープレートの下地が常に白色となるように2値画像に変換します．ナンバープレートは下地が白以外もありますが，

33-33

図4　ナンバープレート基準画像用の`plate.jpg`ファイル

大津アルゴリズムを使って2値化することで，どのプレートも白地に変換されます．

● 10…テンプレート・マッチングを実行する

0～9の数値画像を使って，0から順番にテンプレート・マッチングを実行してマッチング画像を取得します．

● 11…数字画像とマッチング値が0.7以上の場所があるかどうか調べる

マッチング画像を走査してマッチング値がしきい値0.7以上の場所があるかどうかを調べます．マッチングした場所があれば，マッチングに使用した数字画像が該当する番号と判断します．

● 12…判断した数字を表示用画面に書き込み

上記プロセスで判断した画像番号を数字として書き出します(**図5**)．

● 13…認識した数字を四角で囲む

マッチング値で，しきい値以上の結果が出た場所を，2値化した画像に四角で囲みます(**図6**)．この囲んだ場所が結果的に数字のあった場所となります．

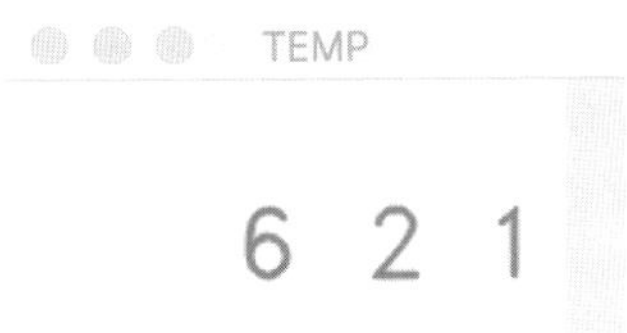

TEMP

6 2 1

図5　マッチした画像番号を数字として書き出した

図6　マッチング値でしきい値以上の結果が出た場所を四角で囲む

■ 使用するプログラム

● リンク・ファイル

リンク・ファイルは以下です.

```
opencv_core,opencv_highgui,opencv_imgproc,opencv_
imgcodecs,opencv_objdetect,raspicam,raspicam_cv
```

なお，Piカメラを使わないときはraspicam,raspicam_cvの2つのリンク・ファイルは必要ありません.

● プログラムの構成

プログラムは以下で構成されます.

- CQIF161.cpp…プログラムのメイン処理とビデオ映像の取り込み，マウス・イベント，画像加工と描画，テンプレート・マッチング処理

■ プログラム詳細

● キャプチャ画面からナンバープレート選択

プログラムCQIF161.cppを**リスト1**に示します.

▶行番号042～053

動画からフレームをキャプチャしてナンバープレートをトリミングしています．この処理以降は，メイン・ループ中にマウス・イベントで呼び出されて処理する場所となります.

cv::selectROI()を実行すると，マウスで矩形範囲の指定が終わるまで待機状態になります．指定が終わるとcv::destroyWindow()で矩形指定のために表示していた画面を終了させてパターン・マッチング処理へと移行します.

リスト1　メイン処理とビデオ映像の取り込み，マウス・イベント，画像加工と描画，テンプレート・マッチング処理**CQIF161.cpp**

```
000: #include <iostream>
001: #include <opencv2/opencv.hpp>
002: #include <raspicam/raspicam_cv.h>
003:
004: static cv::Rect2d rect2d;
005: void mouseCallBack(int event, int x, int y, int flags,
                                              void* userdata);
006: void numberMatching(cv::Mat& img, cv::Rect2d rect2d);
007:
008: const cv::String windowName = "CameraView";
009: int main()
010: {
011:     cv::Mat srcImg;
012:
013:     const int width = 1024, height = 768;
014:     raspicam::RaspiCam_Cv cCap;
015:     cCap.set(cv::CAP_PROP_FORMAT, CV_8UC3);
016:     cCap.set(cv::CAP_PROP_FRAME_WIDTH, width);
017:     cCap.set(cv::CAP_PROP_FRAME_HEIGHT, height);
018:     if (!cCap.open()){
019:         std::cout << "Error opening the camera" <<
                                                   std::endl;
020:         return -1;
021:     }
022:
023:     cv::namedWindow(windowName, cv::WINDOW_AUTOSIZE |
                                     cv::WINDOW_KEEPRATIO);
024:     cv::setMouseCallback(windowName, mouseCallBack,
                                                   &srcImg);
025:
026:     while (true) {
027:
028:         cCap.grab();
029:         cCap.retrieve(srcImg);
030:
031:         cv::imshow("CameraView", srcImg);
032:         int code = cv::waitKey(1);
033:         if (code >= 0 && code != 13) {
034:             std::cout << "code=" << code << std::endl;
035:             break;
036:         }
037:
038:     }
039:     return 0;
040: }
041:
042: void mouseCallBack(int event, int x, int y, int flags,
                                              void* userdata) {
043:     cv::Mat* img = static_cast<cv::Mat*>(userdata);
044:     std::string tempWinName = "SNAP SHOT";
045:     if (event == cv::EVENT_LBUTTONDOWN) {
```

リスト1　メイン処理とビデオ映像の取り込み，マウス・イベント，画像加工と描画，テンプレート・マッチング処理**CQIF161.cpp**（つづき）

```
046:         cv::Mat src = img->clone();
047:         cv::imshow(tempWinName, src);
048:         rect2d = cv::selectROI(tempWinName, src);
049:         std::cout << rect2d << std::endl;
050:         cv::destroyWindow(tempWinName);
051:         numberMatching(src, rect2d);
052:     }
053: }
054:
055: void numberMatching(cv::Mat& img, cv::Rect2d rect2d) {
056:     std::vector<cv::Mat> numbers;
057:     cv::Mat resultImg;
058:     std::ostringstream oss;
059:     for (int i = 0; i<10; i++) {
060:         oss << "../images/numbers/" << i << ".jpg";
061:         numbers.push_back(cv::imread(oss.str()));
062:         oss.str("");
063:     }
064:     cv::Mat basePlate = cv::imread
                           ("../images/numbers/plate.jpg");
065:     cv::Mat rectNumber = img(rect2d);
066:     double rate = static_cast<double>(basePlate.rows) /
                                               rectNumber.rows;
067:     std::cout << "Rate=" << rate << std::endl;
068:     cv::resize(rectNumber, rectNumber, cv::Size(), rate,
                                                     rate);
069:     cv::cvtColor(rectNumber, rectNumber,
                                         cv::COLOR_BGR2GRAY);
070:     cv::threshold(rectNumber, rectNumber, 0, 255,
                    cv::THRESH_BINARY | cv::THRESH_OTSU);
071:     cv::cvtColor(rectNumber, rectNumber,
                                         cv::COLOR_GRAY2BGR);
072:     cv::Mat numberViewImg(cv::Size(rectNumber.cols,
         rectNumber.rows), CV_8UC3, cv::Scalar(255, 255, 255));
073:     float threshold = 0.6f;
074:     std::vector<cv::Point> maxPt;
075:     for (unsigned int i = 0; i<numbers.size(); i++) {
076:         cv::matchTemplate(rectNumber, numbers.at(i),
                          resultImg, cv::TM_CCOEFF_NORMED);
077:         for (int y = 0; y < resultImg.rows; y++) {
078:             bool pushBackFlg = true;
079:             for (int x = 0; x < resultImg.cols; x++) {
080:               if (resultImg.at<float>(y, x) > threshold) {
081:                     for (unsigned int j = 0; j<maxPt.size
                                                   (); j++) {
082:                         if (maxPt.at(j).x < x + 20 &&
083:                             maxPt.at(j).x > x - 20) {
084:                             pushBackFlg = false;
085:                         }
086:                     }
087:                     if (pushBackFlg) {
```

```
088:                         oss << i;
089:                         cv::putText(numberViewImg, oss.str
                 (), cv::Point(x, 60), cv::FONT_HERSHEY_PLAIN,
                  2, cv::Scalar(255, 0, 255), 1, cv::LINE_AA),
                          maxPt.push_back(cv::Point(x, y));
090:                         oss.str("");
091:                     }
092:                 }
093:             }
094:         }
095:     }
096:     for (std::vector<cv::Point>::iterator ite =
                  maxPt.begin(); ite != maxPt.end(); ite++) {
097:         cv::rectangle(rectNumber,
098:             *ite,
099:             cv::Point(ite->x + numbers.at(0).cols,
100:                 ite->y + numbers.at(0).rows),
101:             cv::Scalar(255, 0, 255), 1);
102:     }
103:     cv::imshow("NUMBER", rectNumber);
104:     cv::imshow("TEMP", numberViewImg);
105: }
```

● パターン・マッチング用の数字画像と基準サイズ画像の読み込み

▶行番号059～063

数字画像の番号を配列の順番通りに格納します．これによりマッチングした画像が実際に何番だったのか判断できるようにしています．

● ナンバープレートのサイズ合わせ

▶行番号064～068

テンプレート・マッチングでは，マッチング対象の画像と，探したい画像のサイズが同じになるほど，マッチング率が高くなります．ここではトリミングしたナンバープレート内の番号画像のサイズが，事前に準備した番号画像のサイズと近くなるように，トリミング画像のサイズを修正しています．

● テンプレート・マッチングの実行

▶行番号076

テンプレート・マッチングの実行がこの1行で，これを挟む`for(int i=0; i<numbers.size(); i++){…}`文にて，0～9の番号画像に対して繰り返し実行されます．

● マッチング位置の検査

テンプレート・マッチングで取得したMatデータに対してピクセル走査します．

▶行番号077～094

テンプレート・マッチングで取得するMatデータをあえて画像にすると，**図7**の画像になります．このデータに対してピクセル座標単位で走査を行います．ここでは，しきい値を`float threshold = 0.7f`と指定して，このしきい値を超えたらマッチングしたと判定し，座標を取得して数字データを画面に出力しています．

● 数字を四角で囲む

▶行番号096～105

トリミングした画像に対してマッチング結果で得た座標に四角を描画しています．高さと幅は，数字画像から取得しています．前述の処理でナンバープレート画像のサイズ合わせ処理があります．その結果，トリミング画像の数字部分にピッタリ合う四角が描画されることになります．

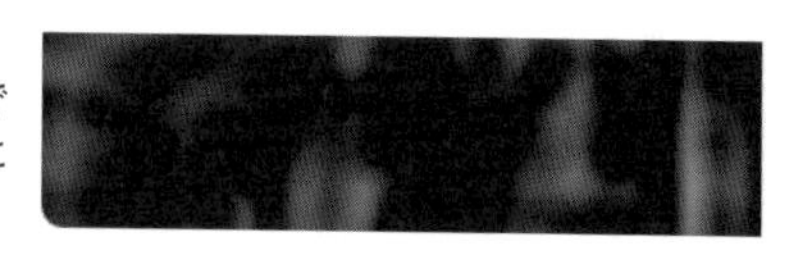

図7　テンプレート・マッチングで取得するMatデータをあえて画像にした

2-9　車のブレーキ・ランプを検知する

フォルダ名：CQIF143

HSV色空間を利用した対象物検知の例として，車のブレーキ・ランプを扱います(**図1**)．ここでは検知対象を赤色としましたが，青や緑，黄色でも可能です．信号機や道路標識の検出にも利用できそうです．他にもイチゴやきゅうりの位置検出，コインの位置検出などに使えそうです．

● 事前準備

車載カメラを想定していますので，2-6「ターゲットの接近を検知する」と同じように，画面下の▲マークが車線の中央になるように設置してください．

今回は下ブロックの真ん中が判定エリアとなります．

● 操作方法

設置方法以外に特別な操作は必要ありません．アプリは任意のキー押すことによって終了します．

● プログラムの動作確認

実際にラズベリー・パイを車に設置して確認するのは面倒と感じる方もいるでしょう．普通のカメラで撮影した動画による動作確認方法も併せて紹介します．

■ 用途

前方の車のブレーキ・ランプに反応するプログラムです．ラズベリー・パイのGPIOを利用して，音や光を発すると，実用度が増すと思います．

自転車や，ながら歩きの人の安全確保にも利用できそうです．

(a)検知前

(b)検知後

図1　車のストップ・ランプを検出した
HSV色空間を利用して特定の色を検知しやすくした．
カラー画像を下記URLで確認できます．
`https://interface.cqpub.co.jp/rpicamera02/`

■ プログラムの流れ

プログラムの流れを以下に示します．

● 1…カメラ画像を取得

通常の手順でカメラ画像を取得します．

● 2…判定エリアをトリミングする

自車の正面に来た車に対応するために，画面中の判定エリアを絞ります．画面下側中央のエリアを切り取り，作業用データとして取得します．

画面全体を処理対象とせず，トリミングを行うと，範囲が狭くなり，処理速度も速くなります．

● 3…トリミング画像に対してHSV画像変換をする

ブレーキ・ランプの発色を検知したいので，前処理としてトリミングした画像をHSV形式に変換しておきます．

● 4…HSV変換した画像から指定された色相でマスク画像を作成する

あらかじめ調べておいたブレーキ・ランプの各HSVデータの最大値と最小値を設定して，その値を基にマスク画像を生成します．ブレーキ・ランプが点灯し，映像中に登録したデータに該当する発色部分が現れたら，その部分がマスク処理された画像になります(**図2**)．

● 5…マスク画像からハフ変換を行う

生成されたマスク画像からハフ変換処理を行い，円形の座標を取得します(**図3**)．1-5「円の検出」も利用しています．

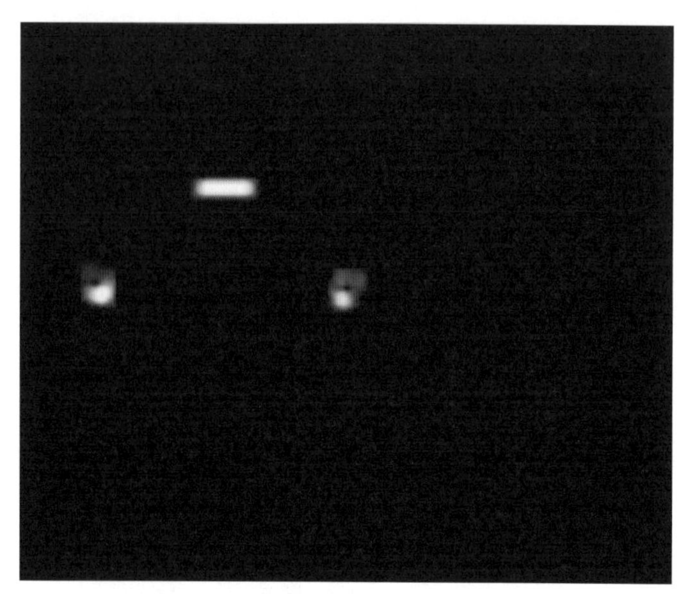

図2　HSV変換した画像から指定された色相でマスク画像を作成する

● 6…ハフ変換で得られた座標を基に丸を描画してメッセージを表示する

ハフ変換処理で円の座標検出があれば，該当する座標に円を描画すると同時に，画面左上に警告メッセージを表示しています(**図4**)．また，円の描画処理時には，誤検知軽減のために一定の半径よりも大きな円は無視するようにしています．

■ プログラム解説

● リンク・ファイル

リンク・ファイルは以下です．

```
opencv_core,opencv_highgui,opencv_imgproc,opencv_
imgcodecs,opencv_objdetect,raspicam,raspicam_cv
```

図3　生成されたマスク画像からハフ変換処理を行い円形の座標を取得

● プログラムの構成

プログラムは以下で構成されます．

- CQIF143.cpp…プログラムのメイン処理で，ビデオ映像の取り込みVariousDisplayクラスの実行処理を行う
- CQIF143SP.cpp…CQIF143.cppの車認識を追加したバージョン（Windows版のみ）
- VariousDisplay.cpp…カメラ映像上に描画するための各種処理と画像加工の各処理を行う

● 確認だけしたい場合

画面レイアウトは内蔵3.5インチ・モニタを対象としています．動作確認のために別のカメラで撮影した動画で実行される場合は，CQIF143.cppのサンプル・コードを参照してください．

図4　ハフ変換処理で円の座標検出があれば画面左上に警告メッセージを表示

● センターマーカ

2-6「ターゲットの接近を検知する」の解説をご確認ください．

● ブロック・ライン

2-6「ターゲットの接近を検知する」の解説をご確認ください．

● 判定エリアの指定と判定処理

プログラムを**リスト1** `VariousDisplay.cpp`に示します．

画面内の下段中央のブロックだけで判定するために，以下の部分でトリミングした映像に対して判定処理を行っています(行番号081～082)．

```
int hMin = 2, sMin = 92, vMin = 253;
int hMax = 18, sMax = 198, vMax= 255;
```

この値がブレーキ・ランプが点灯したときのHSV値となり，画面内でこの範囲に収まったデータをブレーキ・ランプ点灯部と判断しています．

`cv::Mat cutImg(…)`で判定エリアの切り取りを行っていて，その後の処理は3-1「クロマキー合成」で扱う処理と同じ内容となります．

● ブレーキ・ランプ点灯場所にマーカをつける

マスク処理したブレーキ・ランプの点灯部分を，ハフ変換で座標を求めてマーカ表示します(行番号054～077，**リスト1**)．

054～077行中の下記の処理は，1-5「円の検出」で解説していますが，円の座標はトリミングされた画像内の座標となるため，実際の描画時には表示映像との相対座標を計算して円を描画しています．

```
cv::Point center( cv::saturate_cast<int>((*ite)
[0]) + img.cols * leftBorder,cv::saturate_
cast<int>((*ite)[1]) + img.rows * distanceLine);
```

● 検知手法と検知精度について

ブレーキ・ランプ検知の実現には特別な手法は何もなく，第1部で紹介した方法を組み合わせるだけです．

このテーマでは，ブレーキ・ランプの色と明るさに着目した検知方法の紹介を目的としたため，車のブレーキ・ランプ以外の場所でも，画面内に同じ色相，色彩があれば反応してしまいます(**図5**)．先に車であることを特定して，その後，上記の処理を行うなどをすれば，検知精度は上がると思われます．

しかし，組み合わせが複雑になれば処理速度にも影響が出て，動画がスムーズに表示できません．小型コンピュータの性能との兼ね合いによって，どこまで実装するのかは判断に迷うところです．

リスト1　カメラ映像上に描画するための各種処理 **VariousDisplay.cpp**

```
000: #include "VariousDisplay.h"
001:
002: VariousDisplay::VariousDisplay()
003: {
004:     leftBorder   = 0.3;
005:     rightBorder  = 0.7;
006:     distanceLine = 0.4;
007: }
008: void VariousDisplay::setTextMsg
                           (cv::Mat& img, cv::String str){
009:     cv::Mat overlay, output;
010:     double alpha = 0.5;
011:     //表示エリア
012:     img.copyTo(overlay);
013:     cv::rectangle(overlay, cv::Rect(5, 5, 200, 30),
                           cv::Scalar(192, 192, 192), -1);
014:     cv::addWeighted(overlay, alpha, img, 1-alpha, 0, img);
015:     cv::putText(img, str, cv::Point(10,25),
             cv::FONT_HERSHEY_PLAIN, 1, cv::Scalar::all(32),
                                          1, cv::LINE_AA);
016: }
017: void VariousDisplay::setSignal(cv::Mat& img){
018:     cv::Mat overlay, output;
019:     double alpha = 0.5;
020:     //表示エリア
021:     img.copyTo(overlay);
022:     cv::rectangle(overlay, cv::Rect(5, 5, 170, 30),
                                  cv::Scalar::all(0), -1);
023:     cv::rectangle(overlay, cv::Rect(8, 8, 164, 24),
                                cv::Scalar::all(192), -1);
024:     cv::circle(img, cv::Point(20,19), 5, cv::Scalar
                                        (64,64,255),-1);
025:     cv::addWeighted(overlay, alpha, img, 1-alpha, 0, img);
026:     cv::putText(img, "Breaking", cv::Point(40,24),
                cv::FONT_HERSHEY_PLAIN, 1, cv::Scalar::all(32),
                                          1, cv::LINE_AA);
027: }
028: void VariousDisplay::setDistanceLine(cv::Mat& img){
029:     int fiftyMetersLine = img.rows * distanceLine;
030:     cv::line(img, cv::Point(0, fiftyMetersLine), cv::Point
         (img.cols, fiftyMetersLine), cv::Scalar(0,255,255),1);
031: }
032: void VariousDisplay::setMyLine(cv::Mat& img){
033:     int leftLine  = img.cols * leftBorder;
034:     int rightLine = img.cols * rightBorder;
035:     cv::line(img, cv::Point(leftLine,  0), cv::Point
              (leftLine,  img.cols), cv::Scalar(0,255,255),1);
036:     cv::line(img, cv::Point(rightLine, 0), cv::Point
              (rightLine, img.cols), cv::Scalar(0,255,255),1);
037: }
038: void VariousDisplay::setCenterMark(cv::Mat& img){
```

```
039:     int centerX = img.cols/2;
040:     int height = img.rows;
041:     cv::Point pt[3];
042:     pt[0] = cv::Point(centerX, height - 10);
043:     pt[1] = cv::Point(centerX+5, height);
044:     pt[2] = cv::Point(centerX-5, height);
045:     cv::fillConvexPoly(img, pt, 3, cv::Scalar
                                      (0, 255, 255), 1);
046:
047:     setDistanceLine(img);
048:     setMyLine(img);
049: }
050:
051: void VariousDisplay::getHoughCircles(cv::Mat& img,
                                          cv::Mat& gray){
052:     cv::GaussianBlur(gray, gray, cv::Size(5,5), 2, 2);
053:     std::vector<cv::Vec3f> circles;
054:     cv::HoughCircles(gray,
             // 8ビット,シングルチャンネル,グレースケールの入力画像
055:                 circles,
             // 検出された円を出力.配列の [ 0, 1 ] に円の中心座標.
                                  [2] に円の半径が格納される
056:                 cv::HOUGH_GRADIENT,
             // cv::HOUGH_GRADIENT メソッドのみ実装されている
057:                 2,
             // 画像分解能に対する出力解像度の比率の逆数
058:         //dp=1 の場合は,投票空間は入力画像と同じ分解能をもち
             処理は重くなる
059:         //dp=2 の場合は,投票空間の幅と高さは半分になる
060:                 50,
             // 検出される円の中心同士の最小距離
061:                 30,
             // Canny() の大きいほうの閾値.勾配がこのパラメータ
             を超えている場合はエッジとして判定
062:         //2 値化手法ごとに指定するパラメータ
063:         //CV_HOUGH_GRADIENT の場合は,Canny() エッジ検出
             に渡される 2 つの閾値の内,大きい方の閾値を表す
064:                  5,
             // Canny() の小さいほうの閾値.勾配がこのパラメータを
             下回っている場合は非エッジとして判定
065:         //2 値化手法ごとに指定するパラメータ
066:         //CV_HOUGH_GRADIENT の場合は,円の中心を検出する際
             の投票数の閾値を表す
067:         // これが小さくなるほど,より多くの誤検出が起こる可能性
             がある.より多くの投票を獲得した円が最初に出力される
068:                 1,                  // 円の半径の最小値
069:                 15);                // 円の半径の最大値
070:
071:     for(std::vector<cv::Vec3f>::iterator ite =
             circles.begin(); ite != circles.end(); ite++){
072:         cv::Point center(cv::saturate_cast<int>((*ite)[0])
                                  + img.cols * leftBorder,
```

リスト1　カメラ映像上に描画するための各種処理 **VariousDisplay.cpp**（つづき）

```
073:         cv::saturate_cast<int>((*ite)[1]) + img.rows *
                                               distanceLine);
074:         int radius = cv::saturate_cast<int>((*ite)[2]);
075:         cv::circle(img, center, radius, cv::Scalar
                                               (0,0,255), 2);
076:         setSignal(img);
077:     }
078:
079: }
080: void VariousDisplay::getImaCut
                             (cv::Mat& img, cv::Mat& dst){
081:     int hMin = 2, sMin = 92, vMin = 253;
082:     int hMax = 18, sMax = 198, vMax= 255;
083:     cv::Scalar lower = cv::Scalar(hMin,sMin,vMin);
084:     cv::Scalar upper = cv::Scalar(hMax,sMax,vMax);
085:
086:     cv::Mat cutImg(img, cv::Rect(img.cols * leftBorder,
087:                               img.rows * distanceLine,
088:                               (img.cols * rightBorder)-
                                      (img.cols * leftBorder),
089:                               (img.rows)-(img.rows *
                                            distanceLine)));
090:
091:     cv::cvtColor(cutImg,cutImg,cv::COLOR_BGR2HSV);
092:     cv::inRange(cutImg, lower, upper, dst);
093: }
```

図5　車のブレーキ・ランプ以外の場所でも画面内に同じ色相/色彩があれば反応してしまう

■ 図5の問題への対策…高精度化へのトライ

自動車の接近検知との組み合わせは動作が重く，通常のPC並みのハードウェア・スペックが必要ですが，参考として紹介しておきます．

図6のように画面の下段中央が判定エリアですが，ここを切り出して，判定エリア内で車を認識させた画像が**図7**です．このように車だけを切り出して判定することで，誤検知を軽減させられます．

また，実用的なのかは不明ですが，車認識のカスケード・ファイルも複数のファイルを使用するようにコードを記述してみました．そのプログラムCQIF143SP.cppを**リスト2**に示します．032～043行目が該当します．ここでは，車だけの認識で実行してみましたが，例えば人と動物など違うターゲットを同時に認識させたい場合などに効果があるかもしれません．

番外プログラムですが，実行プロジェクトCQIF143SPに保存してあります．参考になれば幸いです．

● ここがポイント

何を基準にブレーキ・ランプと認識するのかは，テーマ全体の中でも難題の1つでした．ここではブレーキ・ランプは基本的に同じ色の発光色であることに注目して，HSV画像にしたときのブレーキ・ランプ・データを地道に調べて，そのデータを元に画像内のブレーキ・ランプ判定処理を行っています．また，画面の中央下だけを切り出して判定処理を行うことで，処理速度を改善しました．

図6　対象となりうる箇所（下段中央）だけを切り出す

図7　切り出したエリア内だけで車を検知することで誤りを減らせる

リスト2　車認識のカスケード・ファイルも複数のファイルを使用するようにコードを記述しなおした**CQIF143SP.cpp**（抜粋）

```
000: #include <iostream>
001: #include <opencv2/opencv.hpp>
002: #include "VariousDisplay.h"
003:
004: static void onMouse(int event, int x, int y, int flags,
                                                void* userdata);
005: int hMax = 0, sMax = 0, vMax = 0;
006: int hMin = 255, sMin = 255, vMin = 255;
007: cv::Mat hsvImg, maskImg;
008:
009: int main()
010: {
011:     const cv::String windowName = "RESULT_IMG";
012:     int width = 1280, height = 800;
013:
014:     cv::Mat srcImg, dstImg, mask;
015:
016:     cv::VideoCapture cCap;
017:     cCap.open(0);
018:     if (!cCap.isOpened()) {
019:             std::cout << "Error opening the camera" <<
                                                    std::endl;
020:             system("pause");
021:             return -1;
022:     }
023:     cCap.set(cv::CAP_PROP_FRAME_WIDTH, width);
024:     cCap.set(cv::CAP_PROP_FRAME_HEIGHT, height);
025:
026:
027:     cv::namedWindow(windowName, cv::WINDOW_AUTOSIZE |
                                       cv::WINDOW_KEEPRATIO);
028:     VariousDisplay vDis;
029:
030:     cv::setMouseCallback(windowName, onMouse, 0);
031:
032:     std::vector<std::string> cascadeNames;
033:     cascadeNames.push_back
              ("..\\..\\haarcascades\\haarcascade_car_1.xml");
034:     cascadeNames.push_back
                     ("..\\..\\haarcascades\\cascade.xml");
035:     //cascadeNames.push_back
                      ("..\\..\\haarcascades\\cars3.xml");
036:     //cascadeNames.push_back
           ("..\\..\\haarcascades\\haarcascade_fullbody.xml");
037:     std::vector<cv::CascadeClassifier> cascades
                                     (cascadeNames.size());
038:     for (int i = 0; i < cascadeNames.size(); i++) {
039:             if (!cascades[i].load(cascadeNames[i])) {
040:                     std::cout << "Caecade File Read
                                           Err" << std::endl;
041:                     return 1;
```

リスト2　車認識のカスケード・ファイルも複数のファイルを使用するようにコードを記述しなおした**CQIF143SP.cpp**（抜粋）（つづき）

```
042:                 }
043:     }
044:     std::cout << cascades.size() << std::endl;
045:
046:     while (true) {
047:
048:             cCap >> srcImg;
049:
050:             dstImg = srcImg.clone();
051:             vDis.getImaCut(dstImg, mask, cascades);
052:             vDis.getHoughCircles(srcImg, mask);
053:
054:             vDis.setCenterMark(srcImg);
055:             cv::imshow(windowName, srcImg);
056:             if (cv::waitKey(1) >= 0) break;
057:
058:     }
059:
060:     return 0;
061: }
062:
063: static void onMouse(int event, int x, int y, int flags,
                                             void* userdata) {
064:     if (event == cv::EVENT_MOUSEMOVE && flags ==
                                      cv::EVENT_FLAG_LBUTTON) {
065:             int H = hsvImg.at<cv::Vec3b>(y, x)[0];
066:             int S = hsvImg.at<cv::Vec3b>(y, x)[1];
067:             int V = hsvImg.at<cv::Vec3b>(y, x)[2];
068:             hMax = std::max(hMax, H);
069:             sMax = std::max(sMax, S);
070:             vMax = std::max(vMax, V);
071:             hMin = std::min(hMin, H);
072:             sMin = std::min(sMin, S);
073:             vMin = std::min(vMin, V);
074:
075:             std::cout << "hMin=" << hMin
076:                     << "sMin=" << sMin
077:                     << "vMin=" << vMin
078:                     << std::endl;
079:             std::cout << "hMax=" << hMax
080:                     << "sMax=" << sMax
081:                     << "vMax=" << vMax
082:                     << std::endl;
083:     }
084:     if (event == cv::EVENT_RBUTTONDOWN) {
085:             hMax = 0, sMax = 0, vMax = 0;
086:             hMin = 255, sMin = 255, vMin = 255;
087:     }
088:
089: }
```

2-10　路面の白線を検知する

フォルダ名：CQIF144

● 2値化は奥が深い

ここでは1-2で紹介した「グレー・スケールの2値化」を応用しています．実は2値化処理は奥が深い技術です．実際，ロボットの大会などにおいて，競技場の照明が，普段練習している環境と異なり，走行ラインをトレースできずに困っている参加者を見聞きした人は多いかと思います．

● 高速道路の白線を例に

ここでは高速道路の白線を検知します（**図1**）．道路上の白線を検知するには，道路とのコントラストに着目します．走行中はアスファルトの色が，状況によって時々刻々と変化します．そこで，対象物の色や明るさが刻々と変化する場合のしきい値の扱いについて紹介します．

写真1　ラズベリー・パイを車載カメラとして利用するイメージ

(a)検知前

(b)検知後

図1　2値化処理を使って白線を検知
明るさが時々刻々と変化するためしきい値の設定に一工夫要る.
カラー画像を下記URLで確認できます.
https://interface.cqpub.co.jp/rpicamera02/

■ こんなカメラ

車載カメラを想定していますので(**写真1**), ▲マークが車線の中央になるように設置してください. 今回は画面下部の長方形のエリアが検知対象となります(**図2**).

設置方法以外に特別な操作は必要ありません. アプリの終了は任意のキー押すことで実行します.

■ 用途

白いラインをトレースできるといろいろ応用できそうです.

- 工場やオフィスにおける掃除ロボットや搬送ロボット
- 競技場での移動式の動画撮影カメラ
- ドローンの移動ルート
- 農業機械の移動ルート

図2　画面下部の長方形のエリアが検知対象

■ プログラムの流れ

プログラムの流れを以下に示します.

● 1…カメラ画像を取得

通常の手順でカメラ映像を取得します.

● 2…判定エリアをトリミングする

道路上の情報だけを処理したいので，そのほかの情報をカットする目的と処理速度を向上させる目的から，判定エリアをトリミングします.

● 3…判定エリアをしきい値192で2値化する

通常の2値化を行う場合は，大津アルゴリズム(THRESH_OTSU)を使って，しきい値はアルゴリズム任せにした方がきれいな映像が得られます．しかし，今回は道路状況に合わせてしきい値を動的に変化させたいので，大津アルゴリズムを使いません．そのための初期値として192を与えています．この192という値は，グレー・スケールを黒0～白255で表現するときの色値で，少し薄いグレーとなります.

● 4…判定エリアの左側/中央/右側それぞれのブロックの白色ピクセル数を数える

図3の各エリアに存在する255の値(白色)を持つピクセルの数を数えます.

● 5…各ブロックの白の比率を計算する

各ブロックに対する白ピクセルの数の比率を計算します.

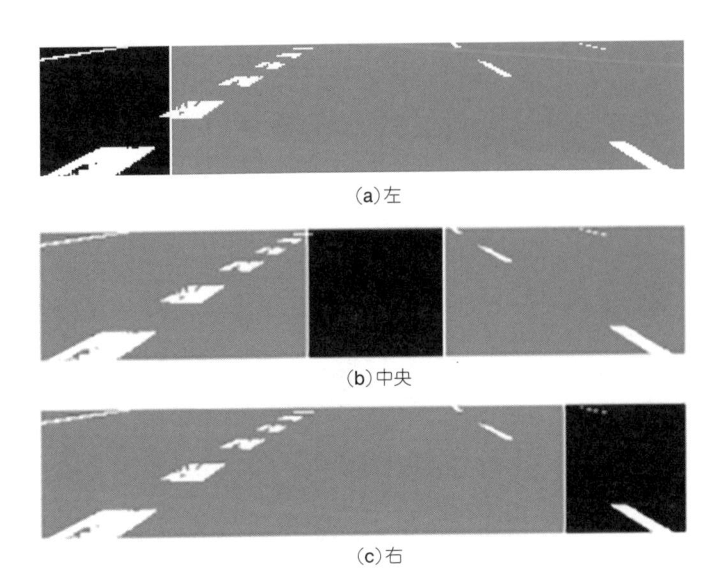

(a)左

(b)中央

(c)右

図3　各エリアに存在する255の値(白色)を持つピクセルの数

$$左ブロック白比率 = \frac{左ブロックの白数}{左ブロックの全ピクセル数} \times 100$$

中央，右ブロックも同じように計算しておきます．ここでは解説のためにザックリと3カ所と説明していますが，実際には3カ所の中でもエリアを絞って処理しています．詳しくはプログラムの解説でご確認ください．

● 6…センタ領域の白率が定義された数値よりも高い場合は2値化のしきい値を高くする

主に確認する場所は中央のブロックとなります．この処理はアスファルトの色が道路の高架下などを通過する場合や，晴天下の道路を通過する場合など，条件によって違うために，大津アルゴリズムを使用すると，2値化した映像には場所による差が生じてしまいます.

このような状態を解消するために，中央のブロックは2値化した場合に常に黒になるように，中央ブロックの白率を確認しながら調整しています.

(a)カラー画

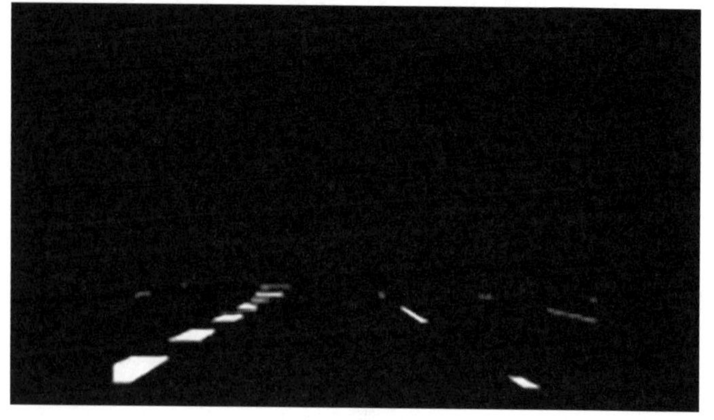

(b)マスク画

図4　白線の強調…生成したマスク画とカラー画(今回は黄色)**を重ねた映像をカメラ映像に合成する**

● 7…センタ領域の白率が定数以下の場合は左右の白率を確認して定数に応じてしきい値を調整する

中央ブロックでは道路の明暗を確認しましたが，左右のブロックでは白線が強調されるようにしきい値の調整をしています．左右のブロックは，白線が映像内にあることを前提としていますので，常に一定の比率以上で白が検知できるようにしきい値を調整しています．

● 8…マスク画像と黄色の画像を合成して白線を黄色で描画する

白線の強調には，これまでの過程で生成したマスク画とカラー画（今回は黄色）を重ねた映像をカメラ映像に合成して最終的な白線強調映像としています（**図4**）．

（c）強調された画像

■ プログラム解説

● リンク・ファイル

リンク・ファイルは以下です.

```
opencv_core,opencv_highgui,opencv_imgproc
,opencv_imgcodecs,opencv_objdetect,raspicam
,raspicam_cv
```

● プログラムの構成

プログラムは以下で構成されます.

- CQIF144.cpp…プログラムのメイン処理で，ビデオ映像の取り込みVariousDisplayクラスの実行処理を行う
- CQIF144-1.cpp…CQIF144.cppの録画された映像を使用したバージョン
- VariousDisplay.cpp…カメラ映像上に描画するための各種処理と画像加工の各処理を行う

● 撮影せずに試したい場合

画面レイアウトは外付けの3.5インチ・モニタを対象としています．動作確認のために別のビデオ・カメラで撮影した動画で試す場合はCQIF144-1.cppのサンプル・コードを使います.

● センターマーカ

2-6「ターゲットの接近を検知する」の解説をご確認ください.

● 判定エリアの指定と前処理

プログラム VariousDisplay.cppを**リスト1**に示します.

このテーマは路面情報だけを処理すればよいので，処理の高速化も含めて判定エリアをトリミングしています（行番号013～

リスト1　カメラ映像上に描画するための各種処理と画像加工の各処理
VariousDisplay.cpp

```
000: #include "VariousDisplay.h"
001:
002: VariousDisplay::VariousDisplay()
003: {
004:     leftBorder   = 0.15;
005:     rightBorder  = 0.85;
006:     distanceLine = 0.2;
007:     judgeLine    = 0.7;
008:     thresRate = 192;
009: }
010: // 判定エリアの設定
011: void VariousDisplay::monitorWhiteLine(cv::Mat& img,
                                              cv::Mat& mask){
012:     double whiteRate[] = {0, 0, 0};
013:     int x1 = img.cols * leftBorder;
014:     int y1 = img.rows * judgeLine;
015:     int x2 = img.cols * rightBorder - img.cols *
                                                   leftBorder;
016:     int y2 = 80;
017:
018:     cv::Mat dst(img, cv::Rect(x1, y1, x2, y2));
019:     cv::cvtColor(dst, dst, cv::COLOR_BGR2GRAY);
020:     cv::threshold(dst, mask, thresRate, 255,
                                          cv::THRESH_BINARY);
021:     getWhiteLine(mask, whiteRate);
022:     // センター領域の白率を確認
023:     if(whiteRate[1] > 0.1){
024:         thresRate++;    // 暗くする
025:     }
026:     else{
027:         if(whiteRate[0] > 20 || whiteRate[2] > 20){
028:             thresRate++;        // 暗くする
029:         }
030:         else{
031:             thresRate--;        // 明るくする
032:         }
033:     }
034:     cv::Mat dstMask = cv::Mat::zeros(cv::Size(img.cols,
                                        img.rows), CV_8UC1);
035:     cv::Rect roi(cv::Point(x1, y1), cv::Point(img.cols *
                 rightBorder, img.rows * judgeLine + y2));
036:     mask.copyTo(dstMask(roi));
037:     mask = dstMask;
038:     cv::rectangle(img, cv::Point(x1, y1),
039:                       cv::Point(img.cols * rightBorder,
                                  img.rows * judgeLine + y2),
040:                       cv::Scalar::all(255), 1);
041: }
042:
043: void VariousDisplay::getWhiteLine(cv::Mat mask, double
                                                (&rate)[3]){
```

リスト1-2　カメラ映像上に描画するための各種処理と画像加工の各処理
VariousDisplay.cpp

```
044:     int lineWidth = mask.cols;
045:     int lineHeight = mask.rows;
046:     int lineWidthCenter  = lineWidth / 2;
047:     int lineHeightCenter = lineHeight / 2;
048:     int scopeBit = lineWidth * 0.2;
049:     int scopeHeight = lineHeightCenter-10;
050:     int leftBitCnt = 0;
051:     int centerBitCnt = 0;
052:     int rightBitCnt = 0;
053:     std::cout << "lineWidthCenter=" << lineWidthCenter <<
                " lineHeightCenter=" << lineHeightCenter <<
                 " scopeHeight=" << scopeHeight  << std::endl;
054:
055:     for(int i=0; i <=scopeHeight ; i++){
056:         int scopeY = lineHeightCenter + i;
057:         for(int j=0; j<lineWidth; j++){
058:             int intensity = mask.at<uchar>(scopeY ,j);
059:             if(intensity == 255){
060:                 // 左側判定
061:                 if(scopeBit > j){
062:                     leftBitCnt++;
063:                 }
064:                 // 右側判定
065:                 else if((lineWidth - scopeBit) < j){
066:                     rightBitCnt++;
067:                 }
068:                 if((lineWidthCenter - scopeBit/2) < j &&
                        (lineWidthCenter + scopeBit/2) > j){
069:                     centerBitCnt++;
070:                 }
071:             }
072:         }
073:     }
074:     // ホワイト率
075:     double count = scopeBit * scopeHeight;
076:     rate[0] = leftBitCnt / count * 100;
077:     rate[1] = centerBitCnt / count * 100;
078:     rate[2] = rightBitCnt  / count * 100;
079: }
080:
081: void VariousDisplay::setCenterMark(cv::Mat& img){
082:     int centerX = img.cols/2;
083:     int height = img.rows;
084:     cv::Point pt[3];
085:     pt[0] = cv::Point(centerX, height - 10);
086:     pt[1] = cv::Point(centerX+5, height);
087:     pt[2] = cv::Point(centerX-5, height);
088:     cv::fillConvexPoly(img, pt, 3, cv::Scalar
                                             (0, 255, 255), 1);
089: }
```

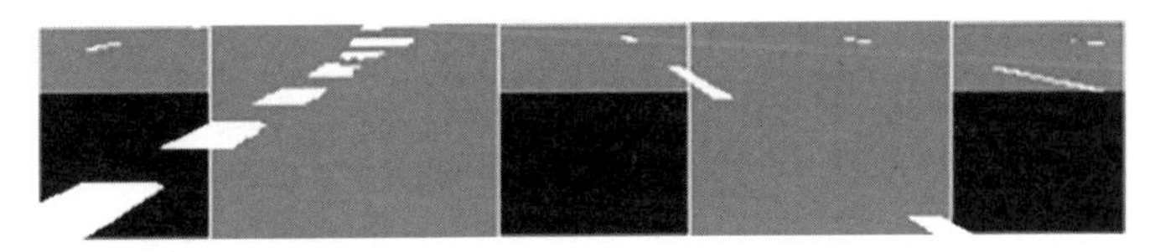

図5　黒で塗りつぶした3カ所が判定エリア

020).

トリミング・エリアは，両端に白線が含まれる範囲で設定しています．また，その後の下処理として2値化していますが，大津アルゴリズム(THRESH_OTSU)を使用せず，しきい値に変数を与えています．これは，この後にしきい値を動的に変化させる処理に対応するためです．

● 判定エリア内の白色ビット数のカウント

白線を強調するために道路を黒で塗りつぶす必要がありますが，その際に**図5**で示した3カ所が判定に必要なデータ取得エリアになります．

行番号055～073は3カ所の判定エリア内それぞれにに存在する白色のビット数を数える処理です．

行番号076～078は3カ所の判定エリア内に存在する黒色に対する白色の比率を計算する処理です．

白色ビットのカウントが完了したら，対象エリアのビット数での比率を計算しておきます．この後に，この比率を基に2値化のしきい値を変化させます．

● 2値化のしきい値調整

▶行番号021

前述のコードは，`getWhiteLine`内で処理され，白色率は`whiteRate[]`で受け取り，このデータにて，下記の部分でしきい値の処理を開始します．

▶行番号023～033

しきい値の処理手順は，まず中央エリアが2値化した場合に黒で埋め尽くされる状態にします．実際の道路上はさまざまな明るさが混ざっていて，いつも同じしきい値で黒くなることはありません．

このように，道路面の白率がゼロになるように処理する必要がありますが，コード上は0.1 %を基準にしました．これによって若干のノイズは無視するようにしてあります．

次の左右エリアでは，効果はおまじない程度だと思われますが，白線まで消えてしまわないように対策しています．

● ここがポイント

画面内の判定エリアを切り取って，切り取った画像に対して「判定エリア内の白色ビット数のカウント」で解説した処理を行うことで，処理の高速化を行いました．さらに判定で処理した画像をカメラ映像に合成して，あたかもカメラ画像内でリアルタイムに変化しているようにプログラムを構成しています．

第3部

覚えておくと便利なワザ

第3部 覚えておくと便利なワザ

3-1 指定部分に背景を合成する「クロマキー合成」

フォルダ名：CQIF101

● 対象物だけを画像内から切り出せる

HSV色空間を利用することで，1画像中のさまざまな物体を色で分類できるようになります．撮影対象物とその背景の色をハッキリと分けておけば，撮影対象物と背景との切り分けが簡単になります．例えば撮影対象物をピンクやオレンジに着色すれば，背景との切り分けが簡単なので動きの追跡が容易になります．

● 紹介するのは背景合成

紹介するのは背景合成の技術です．**図1**のようにブルーシートを利用しました．

紹介するクロマキー合成という技術は，テレビ番組などでよく見る背景部分に別の画像を合成して，あたかも別の場所で撮影しているような映像を作り出します(**図2**)．

■ こんなカメラ

● 背景画像を用意

背景合成用の動画をビデオ・カメラで用意します．内容は何でも構いません．動画の保存場所はボリューム名をVIDEOSとしたUSBメモリにコピーしてください．

USBメモリはラズベリー・パイに挿して，パス名が/media/pi/VIDEOS/となっていることを確認してください．合成する背景部分にはテレビの撮影ではブルーのカーテンなどを使って背景合成していますが，用意できない場合は，白い壁を背景にしても

図1　画像を合成する範囲を指定しやすくするため単色の背景を用意した（ブルーシート）

図2　ブルーシートに街の風景を合成した

合成できます．

● 実画像中の背景にしたい箇所を指定する

カメラ画像の背景となる部分をマウスの左ボタンを押しながら，なぞるようにカーソルを動かしてください．なぞった箇所が徐々に上記の背景画像になっていきます．ラズベリー・パイに接続したモニタ上にリアルタイムに，背景が合成された画像を確認できます(**図3**)．

背景合成が完了したら，カメラ画像上で左ボタンをダブルクリックすることで，`/media/pi/VIDEOS/cf101.jpg`に，静止画として保存します．もちろんPCで確認することもできます．なお，アプリは任意のキー押すことで終了します．

■ 用途

プラモデルの飛行機などの背景に空の画像を合成することで，実際に空を飛んでいるような動画を作れます．

海外の背景と人物とを合成して，他の場所に居るような画像を作成するなどが可能です．

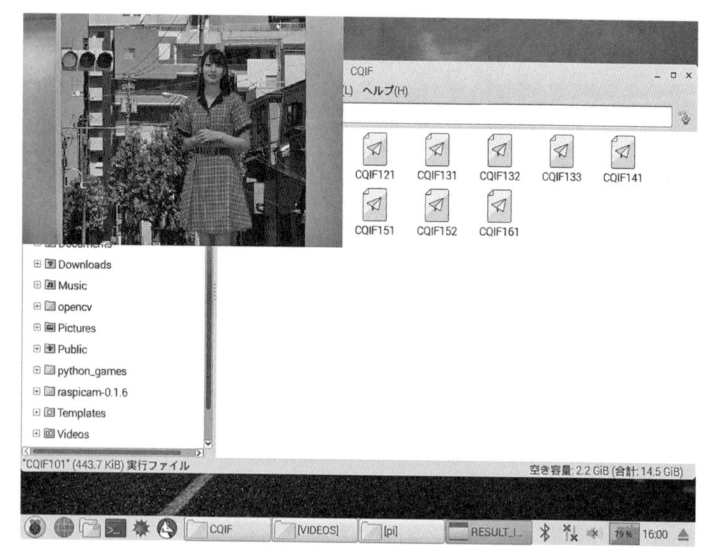

図3　ラズベリー・パイに接続したモニタ上にリアルタイムに背景が合成される

テレビでは昔の有名な歌手と現代の歌手が一緒のステージで歌っているような映像をみかけます．

クロマキー合成の技術は，第2部で紹介している応用例でも利用しています．

- 「物体の上下回数をカウントする」→選択した球状物体を黄色に塗りつぶす
- 「高速道路の白線を検知する」→白線部分を黄色に着色する
- 「カメラ映像から人数を数える」→顔部分をぼかし画像に差し替える

■ プログラムの流れ

プログラムの流れを以下に示します．

● 1…カメラ画像をHSVに変換

Matに読み込んだカメラ画像はBGR形式となっていて，そのままでは色で背景を指定する処理には不便です．特定の色を基準に近辺の同系色を処理する場合はHSV形式で処理すると色相で色範囲を指定できるようになり，トリミングが容易になります．

● 2…マウスのドラッグ操作にて背景にする色範囲を指定する

カメラ画像に対して背景範囲をドラッグ操作で指定します．OpenCVのマウス・イベントでドラッグした部分の座標を`onMouseCallback()`メソッドで取得し，HSVに変換した画像から同じ座標部分のHSV値を取得しています．

● 3…マウス操作でなぞった画像部分からHSVデータの最大/最小値を取得

`onMouseCallback()`は，`cv::setMouseCallback()`の引数にセットすることで，メインのループ処理とは別のスレッドで動作し，マウス動作に合わせて常に呼ばれるメソッドとなります．onMouseCallbackの第2，第3引数でマウス座標をリアルタイムで取得できるようになります．

これによりマウスでなぞった場所の全体からHSV値の最大/最小値を取得して，この範囲に収まるHSV値が，背景合成される色の範囲となります．

● 4…取得したHSVの最大/最小値を使ってマスク画像を生成する

背景範囲が取得できたら，該当する色範囲をマスク処理します．これは`cv::inRange()`を使用することで，マスク画像を生成します．

生成されたマスク画像は，最大/最小値で指定された色範囲が白く，その他が黒い白黒画像となり，白い場所が合成座標となります．

● 5…マスク部分に背景画像が表示されるようにカメラ画像と背景画像を合成する

マスク処理された画像を基に，合成画像を生成する処理を`copyTo()`で行っています．背景画像，`copyTo`(カメラ画像，マスク画像)として各画像をセットすると，カメラ画像にマスク画像の白に該当する座標部分全てが背景画像を表示する場所となります．

● 6…合成画像の表示

ここまでの処理の結果`cv::imshow()`でカメラ画像を表示することで合成画像が表示できます．

■ プログラム解説

● リンク・ファイル

リンク・ファイルは以下です.

```
opencv_core,opencv_highgui,opencv_imgproc,opencv_imgcodecs,opencv_objdetect,opencv_videoio,raspicam,raspicam_cv
```

raspicamとraspicam_cvは，ラズベリー・パイ専用カメラを使用するのに必要なリンク・ファイルです．Webカメラを利用する場合は，opencv_videoioを設定しますが，ここでは背景合成用の動画の読み込みに使っています．

● プログラムの構成

プログラムは以下で構成されます．

- CQIF101.cpp…プログラムのメイン処理とビデオ映像の取り込み，静止画の保存，マウス・イベント処理，HSV変換と画像合成を行っています．

● マウス・イベント処理

プログラムCQIF101.cppを**リスト1**に示します．

▶行番号004, 062

マウス動作に関するメソッドになり，本体はコードの後半に記述してあります．マウス処理を使うと，アプリとしての完成度や応用範囲が広がりますので，ぜひ覚えてください．マウス動作の処理には，イベントとフラグの2つを受け取る方法があり，サンプル・コードでは，int eventとint flagsの部分でそれぞれ受け取っていて，int x，int yでマウス座標を取得できます．

▶行番号029

実際に使用する場合は，MouseCallback関数を，実行する

リスト1　メイン処理 CQIF101.cpp

ビデオ映像の取り込み，静止画の保存，マウス・イベント，HSV変換と画像合成など

```
000: #include <iostream>
001: #include <opencv2/opencv.hpp>
002: #include <raspicam/raspicam_cv.h>
003:
004: static void mouseCallBack( int event, int x, int y, int
                                        flags, void* userdata);
005: static cv::Mat foreImg, backImg, hsvImg, maskImg;
006: static std::stringstream sStream[3];
007: static int hMax = 0, sMax = 0, vMax= 0;
008: static int hMin = 255, sMin = 255, vMin = 255;
009:
010: int main()
011: {
012:
013:     const cv::String windowName = "RESULT_IMG";
014:
015:     cv::VideoCapture vCap("../images/MVI_1128.MP4");
016:     raspicam::RaspiCam_Cv cCap;
017:
018:     cCap.set(cv::CAP_PROP_FORMAT, CV_8UC3);
019:     cCap.set(cv::CAP_PROP_FRAME_WIDTH, 480);
020:     cCap.set(cv::CAP_PROP_FRAME_HEIGHT, 320);
021:
022:     if (!cCap.open()){
023:         std::cout << "Error opening the camera" <<
                                                    std::endl;
024:         return -1;
025:     }
026:
027:     cv::namedWindow(windowName, cv::WINDOW_AUTOSIZE |
                                        cv::WINDOW_KEEPRATIO);
028:     cv::moveWindow(windowName, 0, -28);
029:     cv::setMouseCallback(windowName, mouseCallBack, 0);
030:
031:     while(true){
032:         cv::Scalar lower = cv::Scalar(hMin,sMin,vMin);
033:         cv::Scalar upper = cv::Scalar(hMax,sMax,vMax);
034:
035:         cCap.grab();
036:         cCap.retrieve(foreImg);
037:         vCap >> backImg;
038:
039:         int cCol = foreImg.cols;  //横
040:         int cRow = foreImg.rows;  //縦
041:
042:         //カメラとサイズをあわせる
043:         double raito = (static_cast<double>(foreImg.rows)
                                    / backImg.rows) * 1.2;
044:         cv::resize(backImg, backImg, cv::Size(), raito,
                                                    raito);
```

```
045:         cv::Rect rect = cv::Rect((backImg.cols - cCol) /
                     2, (backImg.rows - cRow) / 2, cCol, cRow);
046:         cv::Mat outImg(backImg, rect);
047:
048:         cv::cvtColor(foreImg,hsvImg,cv::COLOR_BGR2HSV);
049:         cv::inRange(hsvImg, lower, upper, maskImg);
050:
051:         outImg.copyTo(foreImg, maskImg);
052:         cv::imshow(windowName, foreImg);
053:
054:         if(cv::waitKey(30) >=0){
055:             cv::imwrite("/media/pi/VIDEOS/cf101.jpg",
                                                   foreImg);
056:             break;
057:         }
058:     }
059:     cCap.release();
060:     return 0;
061: }
062: static void mouseCallBack( int event, int x, int y, int
                                   flags, void* userdata){
063:     if(event==cv::EVENT_MOUSEMOVE &&
                             flags==cv::EVENT_FLAG_LBUTTON){
064:         int H = hsvImg.at<cv::Vec3b>(y,x)[0];
065:         int S = hsvImg.at<cv::Vec3b>(y,x)[1];
066:         int V = hsvImg.at<cv::Vec3b>(y,x)[2];
067:         hMax = std::max(hMax, H);
068:         sMax = std::max(sMax, S);
069:         vMax = std::max(vMax, V);
070:         hMin = std::min(hMin, H);
071:         sMin = std::min(sMin, S);
072:         vMin = std::min(vMin, V);
073:     }
074:     if(event==cv::EVENT_RBUTTONDOWN){
075:         hMax = 0, sMax = 0, vMax= 0;
076:         hMin = 255, sMin = 255, vMin = 255;
077:     }
078:     if(event==cv::EVENT_LBUTTONDBLCLK){
079:         cv::imwrite("/home/pi/Pictures/test.jpg", foreImg);
080:     }
081: }
```

コード内に記述しておくと，前述のメソッド内でマウス・イベントの取得が始まります．

第1引数windowNameはマウス・イベントを発生させたい名前namedWindow()で指定した名前を設定します．第2引数のmouseEventは先ほど解説したイベントを処理するメソッドを指定します．第3引数の0は，第2引数で指定したメソッドに渡す独自のデータを指定できます．

サンプル・コードでは，mouseEvent() 第5引数のvoid* userdataにデータが渡されて，メソッド内で使えるになります．

● 背景処理

ここからが，このテーマに関する処理になります．クロマキー合成する場合は，元画像から合成部分を切り取りマスク画を生成する必要がありましたが，ここで使用した関数がcv::inRange(hsvImg, lower, upper, maskImg)でした．

第1部では，この関数の第2引数と第3引数にHSV値の下限値，上限値を直接与えることで背景範囲を決めていましたが，これでは応用範囲が限定されてしまうので，ここではマウス操作によって範囲を選べるように改良しています．onMouseCallback () メソッド内がその処理になります．

▶行番号063

左ボタンをクリックしながらマウスの移動を検知して，同時に行番号064～066でマウス座標上のHSV値を取得，行番号067～072で，画像をなぞった範囲での最大値と最小値を取得しています．

この処理によって背景色を基準としたクロマキー合成に必要な，合成部分の範囲設定を行っています．

次のマウス・イベント処理では，行番号074で右ボタンのマウス・クリックを検知して，マウスのドラッグで背景指定していた領域を初期化（背景指定のやり直し）しています．

行番号078は，左ボタンのダブルクリックで画像フレーム1枚をJPEGデータとして保存する処理です．本サンプル・コードでは，動作時の背景画像に動画を指定していますが，静止画を指定するとさらに快適に動作します．

テレビで使われるようなブルーバックを背景に指定すると，制度の高いクロマキー処理が可能ですので，南の島などの背景を使ってバカンス気分の映像を作成してみてください．

クロマキー合成では，マウス操作で背景を指定する部分が，背景処理の肝となるコードになり，合成する部分が1色であれば，ブルーシートなどを特別に用意する必要もなく，どのような色でも指定できる処理になっています．

● ここがポイント

クロマキー合成では，背景にブルーシートを使うなどして，はじめから背景色を決めうちしてあります．このテーマでは，そのままでは汎用性がないのと，アプリとしての面白さに欠けるのでマウスをグルグルとドラッグすることで，好きな場所を背景に指定できるようにしました．

3-2 画像の明暗を判定しノーマル/赤外線カメラを切り替える

フォルダ名：CQIF131

● R，G，Bそれぞれに分布をとれる

ヒストグラムは統計に使われる度数分布を示すグラフです．R，G，Bそれぞれの画像について取得できます．グラフが左右両端に偏っていればコントラストが強すぎる画像，中央に偏りすぎていればコントラストが弱すぎる画像と言えます．全体的に左に寄りすぎていれば露出アンダーとして暗い画像に，右に寄りすぎていれば露出オーバーとして明るすぎる画像になります．R，G，B画像それぞれにヒストグラムをとることがミソで，植物の葉の健康診断，果物の成熟度判定などに生かせそうです．食品や薬品の出荷検査にも使えそうです．

● 暗所撮影が可能なカメラとした

撮影対象物の周りの光量が十分あるときはPiカメラを，光量が足りないときは赤外線照射型カメラに切り替わる機能を持たせます（**図1**）．Piカメラや，USB接続のWebカメラを使用すると，明るい場所では普通に映像が取得できますが，暗い場所になると映像も見えなくなってきます．この場合は，赤外線LEDと近赤外領域が撮影可能なカメラを使用することで，暗い場所でも撮影可能になります．

■ こんなカメラ

● 準備

1. USBポートに赤外線照射型カメラを接続します．
2. Piカメラと赤外線照射型カメラは，同じ方向へ向けます．
3. 2つのカメラの切り替え判定に使用する基準画像を撮影します．

(a)通常カメラで撮影

(b)暗い画面を検出して赤外線照射機能付きカメラに切り替えた

図1　ヒストグラムを利用し画面の明暗を検知する

■ 用途

夜間，照明が無いような，農地，倉庫，グラウンドなどで威力を発揮しそうです．

ここで使用した赤外線照射型カメラは，光量が多くないため，2m先を十分に照らすことができません．秋葉原などで光量が多い照射器を購入すれば，広い倉庫などでの使用も可能になるでしょう．

プログラムの流れ

■ 事前準備

● 1…2台のカメラ映像を取得する

切り替え用に2台のカメラを用意します(**写真1**)．Piカメラは専用のカメラ・インターフェース端子に取り付けますが，赤外線

写真1　赤外線照射機能付きカメラとPiカメラの両方を用意した

カメラはUSB端子へ接続して使用します．

● 2…映像の左上にヒストグラム表示

正常に動作すれば，Piカメラの映像が映り，その左上にヒストグラムが表示されます．

● 3…画面右下Save Clickを左クリックで基準画像を撮影

画面右下にクリック・エリアが表示されています．初めて使用する場合は，この場所をクリックして基準画像を生成してください．また，基準画像は，この画像より一定量以上暗いと判断したらカメラを切り替えるための基準となりますので，室内であれば照明がついた状態で撮影してください．

● 4…基準画像を5秒間表示

撮影に成功すれば，5秒間撮影画像が表示され，5秒後に自動的に閉じます．

● 5…基準画像の保存

撮影した基準画像は/home/pi/Videos/basephoto.jpgに保存されます．保存場所を他のフォルダに変更したい場合は，該当するコードを書き換えて使ってください．

● 6…Enterキーで終了

● 7…アプリを再起動する

基準画像は起動時に1回だけ読み出す仕様となっていますので，アプリをいったん終了して再度，起動してください．

■ 通常使用

● 1…2台のカメラ映像を取得する

● 2…Piカメラ画像と基準画像のヒストグラムを取得する

フレームごとにヒストグラム・データを生成して(**図2**)，画面右上に表示される基になるデータを取得します．

● 3…基準画像と比較する

起動時に取得した基準画像のヒストグラム・データとPiカメラのデータを比較してマッチング値を取得します(**図3**)．

● 4…比較データがしきい値以上の場合はPiカメラ映像を表示

● 5…比較データがしきい値以下の場合は赤外線カメラ映像を表示

マッチング値は，0から1までの数値が取得でき，同一画像の比較であれば，限りなく1に近い数値(浮動小数点値)が取得できます．また，設定するしきい値は設置環境に合わせて変更してみてください．

図2　画面の左上に表示するようにした明るさのヒストグラム

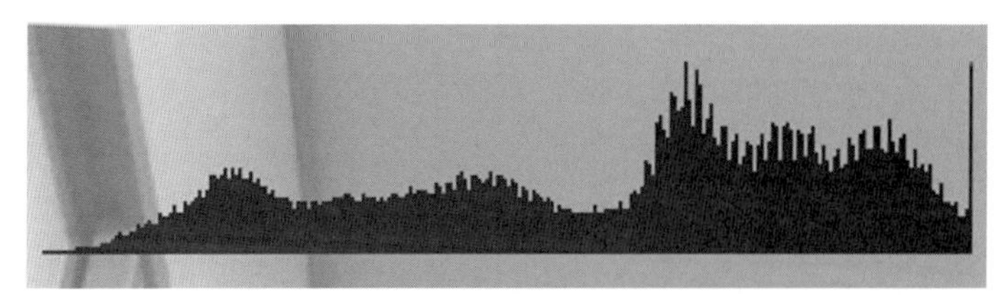

（a）ベース画像

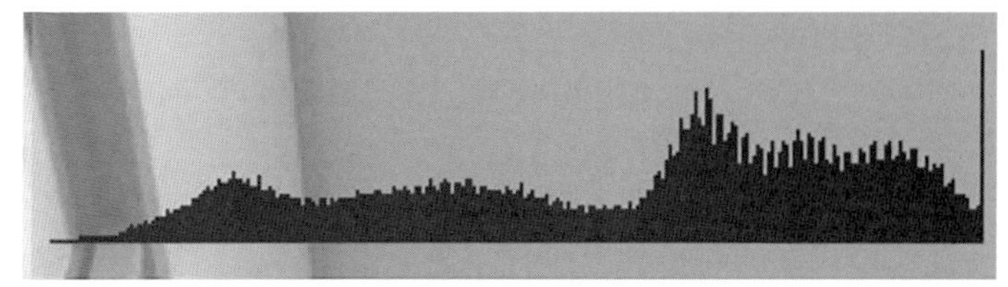

（b）マッチング率0.95

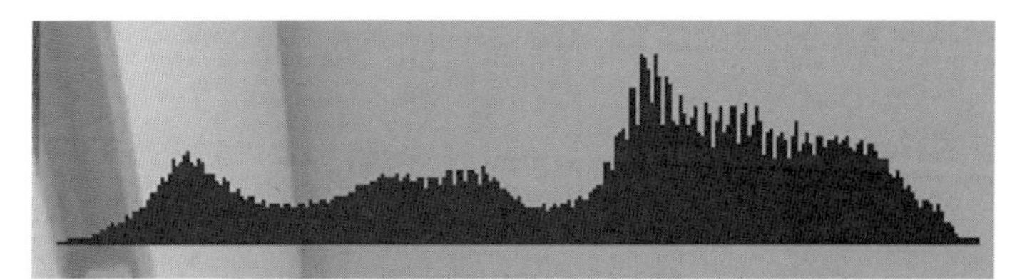

（c）マッチング率0.65

（d）マッチング率－0.30

図3　基準画像から取得したヒストグラムとのマッチング値を取得する

■ プログラム解説

● リンク・ファイル

リンク・ファイルは以下です.

```
opencv_core,opencv_highgui,opencv_imgproc,
opencv_imgcodecs,opencv_objdetect,opencv_video,
opencv_videoio,raspicam,raspicam_cv
```

● プログラムの構成

プログラムは以下で構成されます.

- CQIF131.cpp…プログラムのメイン処理と, ビデオ映像取り込みと切り替え, マウス・イベント処理, 基準静止画の保存, Accessor, HistogramConf, VariousConfクラスの実行, 日時を管理する処理を行っています.
- HistogramConf.cpp…ヒストグラムの生成と2つのヒストグラムのマッチング値を計算しています.

● 基準画像の読み込み

プログラム CQIF131.cppを**リスト1**に示します.

カメラ映像取得前に基準画像の読み込みを行います.

▶行番号046 ~ 049

まだ基準画像ファイルを生成していない場合は, ヒストグラムの比較ができません. ここでファイルの確認も含めて処理しています. 基準画像ファイルがある場合は, この後の処理用にフラグをtrueにして, 基準画像の存在を確認しています.

● 基準画像が存在しない時のボタン表示

▶行番号062 ~ 064（リスト1）

▶行番号048 ~ 053（リスト2, HistogramConf.cpp）

リスト1　プログラムのメイン処理 **CQIF131.cpp**

ビデオ映像取り込みと切り替え，マウス・イベント，基準静止画の保存，Accessor, HistogramConf，VariousConf クラスの実行，日時を管理

```
000: #include <iostream>
001: #include <opencv2/opencv.hpp>
002: #include <raspicam/raspicam_cv.h>
003: #include "VariousConf.h"
004: #include "HistogramConf.h"
005: #include "Accessor.h"
006:
007: static void onMouseCallBack( int event, int x, int y, int
                                          flags, void* userdata);
008: static std::string baseImgPath = "/home/pi/Videos/";
009: static std::string baseImgFile = "basephoto.jpg";
010:
011: int main()
012: {
013:     cv::String windowName = "RESULT_IMG";
014:     cv::String nightWindowName = "IR_IMG";
015:     int width=640, height=480;
016:
017:     cv::Mat srcImg, dstImg, histBase, compImg, irImg,
                                                    showImg;
018:     cv::VideoCapture irCap(0);
019:
020:     raspicam::RaspiCam_Cv cCap;
021:     cCap.set(cv::CAP_PROP_FORMAT, CV_8UC3);
022:     cCap.set(cv::CAP_PROP_FRAME_WIDTH, width);
023:     cCap.set(cv::CAP_PROP_FRAME_HEIGHT, height);
024:     if (!cCap.open()){
025:         std::cout << "Error opening the camera" <<
                                                  std::endl;
026:         return -1;
027:     }
028:
029:     if(!irCap.isOpened()){
030:         std::cout << "Not Opened WebCamera" << std::endl;
031:         return -1;
032:     }
033:
034:     irCap.set(cv::CAP_PROP_FRAME_WIDTH, width);
035:     irCap.set(cv::CAP_PROP_FRAME_HEIGHT, height);
036:
037:     VariousConf vConf;
038:     HistogramConf hConf;
039:
040:     cv::namedWindow(windowName, cv::WINDOW_AUTOSIZE |
                                    cv::WINDOW_KEEPRATIO);
041:     cv::moveWindow(windowName, 0, -28);
042:
043:     Accessor acc;
044:     cv::setMouseCallback(windowName, onMouseCallBack,
                                                     &acc);
```

リスト1　プログラムのメイン処理 CQIF131.cpp（つづき）

ビデオ映像取り込みと切り替え，マウス・イベント，基準静止画の保存，Accessor，HistogramConf，VariousConf クラスの実行，日時を管理

```
045:     cv::Mat baseImg = cv::imread(baseImgPath +
                                              baseImgFile);
046:     if(!baseImg.empty()){
047:         acc.setLoadFlg(true);
048:         hConf.getHistoGram(baseImg, compImg);
049:     }
050:     double imgCompResult = 1.0;
051:     while(true){
052:
053:         cCap.grab();
054:         cCap.retrieve(srcImg);
055:         irCap.read(irImg);
056:
057:         acc.setBaseImg(srcImg.clone());
058:         hConf.getHistoGram(srcImg, histBase);
059:         hConf.setGraphMsg(srcImg, histBase);
060:         hConf.setTextMsg(srcImg,static_cast<cv::String>
                                  (vConf.getDateTime()));
061:
062:         if(!acc.getLoadFlg()){
063:             hConf.saveBtn(srcImg);
064:         }
065:         else{
066:             imgCompResult = hConf.compHist
                                       (histBase,compImg);
067:             std::cout << imgCompResult << std::endl;
068:         }
069:         // 判定結果でカメラを切り替える
070:         if(imgCompResult > 0.6){
071:             cv::imshow(windowName, srcImg);
072:         }
073:         else{
074:             cv::imshow(windowName, irImg);
075:         }
076:         if(cv::waitKey(1) >= 0) break;
077:     }
078:     return 0;
079: }
080:
081: static void onMouseCallBack( int event, int x, int y, int
                                  flags, void* userdata){
082:     Accessor* acc = static_cast<Accessor*>(userdata);
083:     cv::Mat image = acc->getBaseImg();
084:     int pointX  = image.cols - 110;
085:     int pointY = image.rows - 30;
086:     if(event == cv::EVENT_LBUTTONDOWN){
087:         if((pointX < x && pointY < y) && (pointX + 100 > x
                                   && pointY + 25 > y)){
088:             cv::imshow("BasePhoto", image);
089:             cv::imwrite(baseImgPath + baseImgFile, image);
```

```
090:                    cv::waitKey(5000);
091:                    cv::destroyAllWindows();
092:                    acc->setLoadFlg(true);
093:                }
094:        }
095: }
```

初めて起動する場合や基準画像を削除した場合は，基準画像生成のための保存ボタンが画面右下に表示されます．基準画像が存在する場合は，acc.getLoadFlg()がtrueとなっているので，この処理が実行されずに，画面にも表示されないことになります．

● ヒストグラムの計算

下記コードの詳細は，1-9「ヒストグラム」を参照してください．

▶行番号7～20（リスト2）

1-9項ではRGBBkに対してヒストグラムを生成していましたが，ここではHSV変換を行い，明度に対して処理を行っています．これにより，明るさでの比較を行っています．

● ヒストグラムの比較

▶行番号066（リスト1）

▶行番号044～047（リスト2）

2つのヒストグラムの比較はcompareHist()を使用することで，比較の度合いが戻り値として取得でき，2つが一致する場合は1が戻り，その他の場合は一致度合いに応じて1以下の小数点値が戻ります．カメラの切り替えには，この値を利用しています．

リスト2　ヒストグラムの生成と2つのヒストグラムのマッチング値を計算
HistogramConf.cpp

```
000: #include "HistogramConf.h"
001:
002: HistogramConf::HistogramConf()
003: {
004:
005: }
006:
007: void HistogramConf::getHistoGram(const cv::Mat& img,
                                          cv::Mat& histBase){
008:     cv::Mat hsvImg;
009:     cv::Mat channelsImg[3];
010:     int histSize[] = {256};
011:     float ranges[] = {0, 256};
012:     const float* histRanges[] = {ranges};
013:
014:     cv::cvtColor(img, hsvImg, cv::COLOR_BGR2HSV);
015:     cv::split(hsvImg,channelsImg);
016:     // シングルチャンネルのヒストグラム計算（明度）
017:     cv::calcHist(&channelsImg[2], 1, 0, cv::Mat(),
                         histBase, 1, histSize, histRanges);
018:     // 最大値50で正規化してピーク値をそろえる
019:     cv::normalize(histBase, histBase, 0, 50,
                                            cv::NORM_MINMAX);
020: }
021: void HistogramConf::setGraphMsg(cv::Mat& img, const
                                          cv::Mat& histBase){
022:     cv::Mat overlay;
023:
024:     double alpha = 0.5;
025:     // 表示エリア
026:     img.copyTo(overlay);
027:     cv::rectangle(overlay, cv::Rect(5, 5, 265, 70),
                              cv::Scalar(192, 192, 192), -1);
028:     cv::addWeighted(overlay, alpha, img, 1-alpha, 0, img);
029:
030:     for (int i = 0; i < 256; i++) {
031:         cv::line(img, cv::Point(10 + i, 65), cv::Point
                    (10 + i, 65 - histBase.at<float>(i)),
                                   cv::Scalar::all(32), 1);
032:     }
033: }
034: void HistogramConf::setTextMsg(cv::Mat& img,
                                            cv::String str){
035:     cv::Mat overlay;
036:     double alpha = 0.5;
037:     int pointY = img.rows;
038:     // 表示エリア
039:     img.copyTo(overlay);
040:     cv::rectangle(overlay, cv::Rect(5, pointY - 35, 200,
                    30), cv::Scalar(192, 192, 192), -1);
041:     cv::addWeighted(overlay, alpha, img, 1-alpha, 0, img);
```

```
042:     cv::putText(img, str, cv::Point(10, pointY-15),
                cv::FONT_HERSHEY_PLAIN, 1, cv::Scalar::all(32),
                                            1, cv::LINE_AA);
043: }
044: double HistogramConf::compHist(const cv::Mat& hist1,
                                    const cv::Mat& hist2){
045:     double correlation = compareHist(hist1, hist2,
                                    cv::HISTCMP_CORREL);
046:     return correlation;
047: }
048: void HistogramConf::saveBtn(cv::Mat& img){
049:     int pointX = img.cols;
050:     int height = img.rows;
051:     cv::rectangle(img, cv::Rect(pointX - 110, height - 30,
                 100, 25), cv::Scalar(64, 64, 64), -1);
052:     cv::putText(img, "Save Click", cv::Point(pointX - 100,
         height-15), cv::FONT_HERSHEY_PLAIN, 1, cv::Scalar::all
                                   (255), 0.5, cv::LINE_AA);
053: }
```

● しきい値の設定

▶行番号070 ～ 075（リスト1）

カメラの切り替え処理は，しきい値を越えればPiカメラ，下回れば赤外線照射型カメラと，シンプルな仕様となっています．実機で確認する場合は，撮影場所の環境に合わせて，適切な切り替えタイミングとなるように変更してください．

● ここがポイント

2台のカメラの切り替え判定は，非常に悩んだ部分です．本稿ではヒストグラムの比較関数を使って切り替えました．

なお，通常はRGBでヒストグラムを生成しますが，筆者はRGBをHSVに変換後，ヒストグラム化することで明暗に注目できるようにし，その結果を元にカメラ切り替えを行いました．

索　引

【アルファベット】

2値化変換……50

【アルファベット】

AKAZE……83
HSV色空間……203
HSVカラー・モデル……67
HSVデータ……233
OpenCV 4.5.0……21, 44
OpenCVのインストール…32
PiCamera V2……44
Qt Creator……29
Raspberry Pi OS……21, 44
Raspberry Pi Camera Module V2……16
USBカメラ……19
Visual Studioのインストール……32

【あ行】

色によるマスク処理……67
円……53
円の検出……59
往復運動の回数……128
大津アルゴリズム……196
オープニング処理……105

【か行】

顔認識……182
顔認証……162
カスケード・ファイル…213
カスケード分類器

……93, 160, 165, 171
画像マッチング……85
監視カメラ……160
基本図形や文字の描画……53
車のブレーキ・ランプを検知する……203
グレー・スケール化処理……46
グレー・スケールの2値化……217
クロマキー合成……230
合成画像……234

【さ行】

四角……53
上下運動……137
侵入を検知する……139
赤外線カメラ……240
接近検知カメラ……171

【た行】

ターゲットの接近を検知する……171
対象物の長さを測る……16
楕円……53
楕円フィッティング……63
通過人数……150
通過物を数える……150
テンプレート・マッチング……98, 192, 197
特徴点……82
トリミング……227

【な行】

ナンバープレート……192
人数カウント処理……158
人数を数える……182, 185

【は行】

背景合成……230
背景差分……88, 139
背景処理……238
パターン・マッチング……201

ハフ変換……206
判定エリア……227
ヒストグラム……77, 244
複数箇所のマッチング……101
複数の物体検出……104
平滑化……56
ぼかし画像……185

【ま行】

マスク処理……67, 72, 190
文字表示……53
文字や数字を見つける……192
モルフォロジー変換……105

【ら行】

ライン……53
ラズベリー・パイ 4 4GB……44
ラズベリー・パイ 4B 4GB……16
路面の白線を検知する……217

著者略歴

澤田 英宏(さわだ・ひでひろ)

MS DOS以前
ポケコンにはまり独学でプログラムを学ぶ.

MS DOS時代
データベース・エンジニアとして社内システムに携わる. インターネットの前身パソコン通信 Nifty Serveにてデータベースのノウハウを生かし, 自作アプリを投稿.

Windows95時代
特定の業界で使用するシミュレーション・システムを開発する企業に転職. しかし, OS自体が自社開発システムのため途方に暮れる.

WindowsXP時代以降
同システムの開発責任者に就任後は, 世情に合わせてWindows, Mac両方で起動可能なクラウド・アプリを企画する. 使用日数に応じて課金したり, 契約内容によって利用できる機能が切り替わるなど, さまざまな機能を持ったシステムとして販売した.

現在
独立してIT企業でエンジニアとして働いている方, これからエンジニアとして活躍したい方を対象としたプログラマ養成講座の講師を務める.
クラウド・アプリ開発時のノウハウからWindows, Mac, モバイル端末アプリ開発とWebベースのアプリの受託開発を行う.
その他, 個人テーマとしてハンディキャップの方が自由に外に出かけるためのシステム開発を模索中.

CQ文庫シリーズ
C++プログラムで人や物の動きを認識
ラズパイ/PCで体験！計測のためのカメラ画像処理

2021年12月15日　初版発行

著　者　澤田 英宏
発行人　小澤 拓治
発行所　CQ出版株式会社
東京都文京区千石4-29-14（〒112-8619）
電話　販売　03-5395-2141
　　　編集　03-5395-2122

編集担当　野村 英樹
イラスト　神崎 真理子/浅井 亮八
カバー・表紙　株式会社ナカヤデザイン
DTP　ケイズ・ラボ株式会社
印刷・製本　三共グラフィック株式会社
乱丁・落丁本はご面倒でも小社宛お送りください．送料小社負担にてお取り替えいたします．
定価はカバーに表示してあります．
ISBN978-4-7898-5049-0
Printed in Japan